# 有解

## 高效解决问题的关键7步

奉湘宁 顾淑伟◎著

人民邮电出版社

北京

**图书在版编目（CIP）数据**

有解：高效解决问题的关键7步 / 奉湘宁，顾淑伟著. -- 北京：人民邮电出版社，2022.5（2023.6重印）
ISBN 978-7-115-58777-0

Ⅰ. ①有… Ⅱ. ①奉… ②顾… Ⅲ. ①问题解决（心理学）－通俗读物 Ⅳ. ①B842.5-49

中国版本图书馆CIP数据核字（2022）第037145号

## 内 容 提 要

本书致力于帮助读者提高解决问题的能力。作者融会贯通了10年来的问题解决研究所得与3万余个真实案例处理经验。重新定义了"问题"的概念，揭示了问题反复出现的真相。

本书以"KSME问题解决7步法"和30余个工具为明线，以解决问题所需的7个思维、7个理念、4种能力为暗线，深入浅出地为读者揭示了解决实际问题的普遍规律与具体方法。

这套创新性的问题解决方法，适用于个人成长、工作管理、家庭建设等方方面面，能有效助力组织应对人才培养、沟通协调、高质量执行等挑战，陪伴个人应对职业压力、家庭关系、儿童教育等挑战，提升组织效率与个人福祉。

◆ 著　　　　奉湘宁　顾淑伟
　　责任编辑　徐竞然
　　责任印制　周昇亮

◆ 人民邮电出版社出版发行　　北京市丰台区成寿寺路 11 号
　邮编　100164　　电子邮件　315@ptpress.com.cn
　网址　https://www.ptpress.com.cn
　天津千鹤文化传播有限公司印刷

◆ 开本：880×1230　1/32
　印张：9.5　　　　　　　　　2022 年 5 月第 1 版
　字数：220 千字　　　　　　 2023 年 6 月天津第 20 次印刷

定价：69.80 元

读者服务热线：**(010)81055296**　印装质量热线：**(010)81055316**
反盗版热线：**(010)81055315**
广告经营许可证：京东市监广登字 20170147 号

能解决问题的人就是人才，

但这种人往往非常稀缺。

每一个组织和个人，

都需要卓越的问题管理者。


你，可以成为这样的人。

# 人生有解

## · 拿着旧地图，去不了新大陆 ·

从出生起，我们就开始了解决问题的旅程：感觉饥饿怎么办？怎样保证自己的安全？如何让喜欢的人也喜欢自己？

虽然或许没有人系统地教过我们如何解决问题，但我们天生就具备解决问题的能力，并且这种能力随着成长不断提升。

经过多年的经验累积，你已经形成了一张自己解决问题的地图，它记录了你以往解决问题的"思路"，包括视角、策略、方法等。你可能从未意识到它的存在，但这张地图已经帮助你解决了诸多问题，伴你渡过了许多难关。

然而当你在人生的路上继续远行，仍会发现：那些令人烦恼又绕不开的问题，总在持续不断地产生，原本一路向好的工作和生活，往往因此而卡住，将过去灵验的方法用来解决新问题时，却不再起作用……在问题面前，我们容易感到焦虑或无奈，也容易否定自己和他人，使情况陷入恶性循环。

这其中发生了什么？

我们解决问题的地图，往往是根据过去的经验形成的。随着成长的脚步向前迈进，我们的能力越强，面临的挑战就越大。

现代社会中的人、事、物变化之快，超越以往任何时候，在这个充满不确定性的时代，我们面临着许多前所未有的新问题。

**拿着旧地图，去不了新大陆。** 当你翻开这本书时，或许也意识到了旧地图的失灵，而你潜意识中正在做的就是为自己寻找一张新地图。这也是我们写作本书的目的：为你提供一件"利器"，陪伴你有效地解决棘手问题，达成美好愿景。

请允许我向你分享我们（两位作者）的故事。

我们是一家人。1990 年，顾淑伟从电子科技大学毕业，来到中国航天第三研究院北京航星机器制造有限公司从事研发工作，之后与爱人相识相爱，有了女儿奉湘宁。

20 世纪 90 年代是一个快速变化的年代，顾淑伟在 1996 年年底加入诺基亚（NOKIA）。她从事技术与管理培训 20 年，走遍全球 20 多个国家和地区，此后成为诺基亚中国区培训学院副院长，从事企业培训及管理工作。

奉湘宁是中国科学院大学的理学博士，从小就喜欢钻研"千奇百怪"的问题。读博后，系统的学术训练与恢宏的想象力使她更善于解构问题，并全身心投入对"问题"的探索中。

我们二人不仅是母女，还是最亲密的合作伙伴和最默契的战友，为了同一个愿景，共赴同一项研究。

## · 决心找到一张新地图 ·

在过去富有挑战的工作和生活中，我们和你一样，发现依靠过往经验解决问题的思路出现了明显失灵。

于是我们大胆告别原来的事业，在最近 10 年的时间里，只聚焦一件事——解决问题，决心找到一张新的地图。

这张新地图的最初灵感源于英国商业心理学家奈杰尔·哈里森（Nigel Harrison）开创的"绩效咨询七步法"——一套旨在帮助人力资源业务合作伙伴（HR Business Partner）进行深度绩效咨询的工具。在 35 年的实战应用中，这套方法曾帮助沃尔沃、强生、可口可乐、阿斯利康等知名企业有效提升绩效。

在与挚友哈里森多年的交往中，我们愈发意识到七步法在绩效咨询领域外，对"解决问题"的超凡价值。在哈里森先生的热情支持下，我们将七步法引入中国，从解决问题的角度重新定义每一步，并全方位补充解决问题所必需的工具和思维。

历经 10 年，在 30000 余个中国本土真实案例的基础上，我们反复检验、调整这套方法，最终创建出一套高效、系统的问题解决体系"KSME"（该命名是一份惊喜，将在第 7 章中为你详细介绍），并将其以地图的形式可视化呈现。

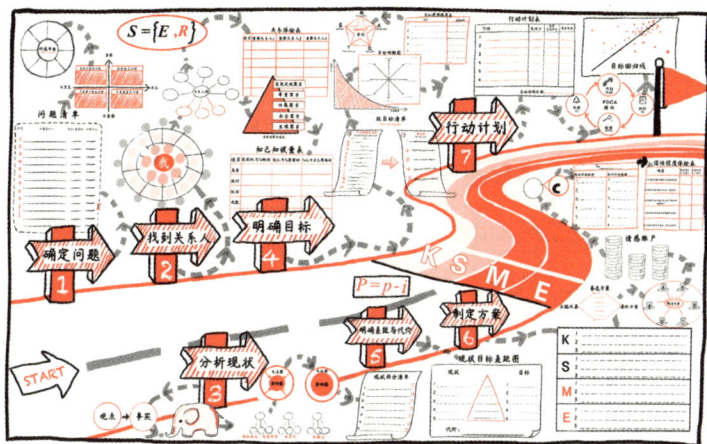

一开始，KSME 聚焦解决企业绩效问题，后来一些客户对这张地图爱不释手，尝试把它迁移到各自家庭问题的解决中，也取得了同样出色的效果。

我们在迁移中发现，这张原本针对企业开发的问题解决地图，却意外地适用于家庭建设、学校教育、个人成长等问题的解决，这促使我们进一步探索 KSME 的应用场景。

或许这就是"万变不离其宗"的道理！即使问题的表象千变万化、各有不同，但只要把握住本质，就会发现解决它们的原理都是相通的。

这本书的内容曾深刻地改变了许多人的生活方式，帮助成千上万的人改善了自己的生活和工作情况。目前，KSME 已陪伴数百家企业、家庭、学校累计解决实际问题 30000 余个。它见证了濒临"瘫痪"的团队重启核心项目、即将离异的夫妻重归于好、迷茫的职场人士明确新的职业方向、打算退学开台球场的孩子奇迹般考入理想的大学……

## ·打造专属于你的"问题解决地图"·

如果你是一位职场人士，正面临以下问题：

♬ 明明加班加点，大部分工作却没有"结果"。

♬ 无法适应工作中的变化，感到很被动。

♬ 会议多效率低，难以达成共识，团队内耗大。

♬ 难以与客户、同事或领导有效沟通，左右为难。

♬ 缺乏职业自信，对未来有强烈的焦虑和危机感。

如果你是一位家长，正面临以下问题：

♬ 亲子沟通困难，家庭关系紧张。

♬ 付出很多，却无法得到家人理解。

♬ 因孩子学习主动性差而感到无奈。

♬ 难以平衡工作和生活，身心疲惫。

如果日复一日的忙碌，令你感到压力重重：

♬ 生活节奏紧张、压抑，长期处于亚健康状态。

♬ 经常感到后悔，觉得自己做什么都不对。

♬ 努力维持或平衡各种关系，感到焦头烂额。

♬ 爱学习爱思考，却仍无法获得"更好的生活"。

那么，这本温情的问题解决自助手册将快速为你所用，**让看似"无解"的问题变得"有解"**。没有枯燥乏味的流程，没有生僻晦涩的术语，全书将用生动的互动插图与案例剖析，一目了然地呈现解决情绪、关系、实际问题的方法论，陪伴你从全新视角探索问题的真正奥秘，在游刃有余地管理各类难题的同时，发现更好的自己。

当然，在棘手问题面前，人们往往如临大敌，但我们不想让解决问题的过程沉重而刻板。为此，我们邀请了插画师 Tina 以卡通画的形式呈现了所有工具，使解决问题的过程既高效又轻松愉快。

值得一提的是，本书是否成功，不仅取决于我们的贡献——事实上，我们只占一半！你会发现书中有很多空白的地方，需要由你来填写或绘制；而对提升本书的完整度和有效性来说，**你的期待、你的互动、你的疑问、你写下的每一笔，都将是一种莫大的贡献。**

当你完成了本书"另一半的创作"后，你会惊喜地发现：我们已经共创了一张专属于你的问题解决地图！

## · 这本书将为你带来什么？ ·

**1. 它将帮你把自己调整到解决问题的最佳状态，**摆脱对问题的过度思考或自我指责，保护你不受到问题的伤害。

**2. 它将为你奉上实用、好用、管用的问题解决方法和工具，**致力于解决实际问题。它将陪伴你看清眼下面临的所有问题，让牵动全局的"问题之王"浮出水面，找到解决问题的"盟友"所在，最终发现解决问题的最短路径与最佳方案。过程中，你将掌握一套由"KSME 问题解决七步法"和 30 余个工具组成的新地图。

**3. 除具体方法外，它还将带给你解决问题所需的 7 个核心理念、4 种核心能力和 7 个思维转换，**如从习惯性追究原因的归因导向到聚焦方案的行动导向，从争论对错的裁判关系到彼此支撑的伙伴关系，从被"不想要的"牵扯精力到全身心追求"想要的"，从被纷乱的紧急问题缠身到聚焦真正影响全局的"问题之王"……这些将帮助你最终成为一位卓越的问题管理者。我们想在此提醒的是，解决问题绝不仅是对方法、技巧的运用，更是一场对心智的考验，一场对我们所秉持的视角、思维和我们所具备的勇气、信心等等的综合考验。

**4. 它将善待你的问题，协助你释放问题背后的价值，**让解决问题不再是处理麻烦，而是达成心愿的旅程，令你爱上解决问题！

**5. 它将使你更了解自己，了解你所珍视的人，为自己和身边的人带来喜悦。**与书为伴，你将惊喜地发现：最重要的从来不是具体的问题，而是解决问题的"人"，你是自己的人生总导演！

我们将 KSME 的秘密完备地呈现在本书中，并将新地图送给你，愿它为你带来更加美好的工作、生活体验。

让我们一起踏上这段透彻又温暖的探索之旅吧！

## ·测一测 你平常是如何解决问题的？·

在阅读本书之前，请你先完成以下 15 道自测题，看一看自己平时解决问题的思路是怎样的。

请把你的答案勾选出来，并把选择的痕迹保留在这一页。在遇到不确定答案的问题时，不必纠结于题目本身，凭直觉回答即可。

1. **问题就是麻烦。**

   A. 非常认同　　　　B. 比较认同

   C. 比较不认同　　　D. 非常不认同

2. **遇到的问题越多，意味着自己的能力越差。**

   A. 非常认同　　　　B. 比较认同

   C. 比较不认同　　　D. 非常不认同

3. **实际问题不解决，情绪就不可能变好。**

   A. 非常认同　　　　B. 比较认同

   C. 比较不认同　　　D. 非常不认同

4. **我面临的问题都很重要，需要同等对待。**

   A. 非常认同　　　　B. 比较认同

   C. 比较不认同　　　D. 非常不认同

5. **反复思考问题就是善待问题。**

   A. 非常认同　　　　B. 比较认同

   C. 比较不认同　　　D. 非常不认同

6. 工作和生活中的问题关联很弱，互不影响。

A. 非常认同　　　B. 比较认同

C. 比较不认同　　D. 非常不认同

7. 找到问题是谁造成的、是谁的责任，问题就解决了。

A. 非常认同　　　B. 比较认同

C. 比较不认同　　D. 非常不认同

8. 如果资源不足，即使设定了目标也没用。

A. 非常认同　　　B. 比较认同

C. 比较不认同　　D. 非常不认同

9. 我面临的一些问题是无解的，我别无选择。

A. 非常认同　　　B. 比较认同

C. 比较不认同　　D. 非常不认同

10. 必须找出问题产生的原因才能解决问题。

A. 非常认同　　　B. 比较认同

C. 比较不认同　　D. 非常不认同

11. "对事不对人"，解决问题时不用考虑人的因素。

A. 非常认同　　　B. 比较认同

C. 比较不认同　　D. 非常不认同

12. 问题一定都有标准答案。

A. 非常认同　　　B. 比较认同

C. 比较不认同　　D. 非常不认同

13. 解决问题时，谁的方案好就听谁的。

A. 非常认同　　　B. 比较认同

C. 比较不认同　　D. 非常不认同

14. 如果方案难以继续执行，就要狠抓落实。

A. 非常认同　　　B. 比较认同

　　C. 比较不认同　　　D. 非常不认同

**15. 谁有错，谁就要先改变。**

　　A. 非常认同　　　B. 比较认同

　　C. 比较不认同　　　D. 非常不认同


　　恭喜你完成了重要的一步！上面的 15 个问答，直接牵涉到我们解决问题的惯性思路。

　　我并不想在这里列出所谓的"标准答案"，或通过打分的形式来判定你解决问题能力的高低。因为在通读全书后，你很可能会做出新的选择。这种变化本身的价值，将远超分数或标准答案。

　　但如果你的选择大多数是 A 或 B，你或许更容易在如何高效愉快地解决问题上陷入困境。别担心，阅读全书后请你回到这一页，再进行一次测试。看看那时，你的答案是否会有不同？

CONTENTS

目录

## 第 4 章　没有敌人，每个人都是盟友——你的问题"与谁有关"

## 第 5 章　像拆玩具一样拆开你的问题——答案就藏在你的描述里

## 第6章 问题背后藏着目标——注意！转机来了！

第 **9** 章　带上新地图，是时候出发了！

关于 KSME

# 你做好解决问题的准备了吗?

在工作和生活中,我们经常把"解决问题"挂在嘴边。到底什么是"问题"?在问题面前我们是"谁"?如何避开解决问题的误区,让努力事半功倍呢?

在这一章中,你不仅将发现解决问题的"命脉"所在,获得一个在问题面前的"战略性新身份",还将把握解决问题的状态、环境(Where)、时间(When)、初心(Why)、原则(How),为即将开始的问题解决之旅扫清障碍。

# 1 问题到底是什么？

"问题到底是什么？"在 KSME 问题解决课堂上，我经常向大家提出这个问题。

- ♪ 有人说，问题就是麻烦。
- ♪ 有人说，问题就是压力。
- ♪ 有人说，问题就是不知道该怎么办。
- ♪ 有人说，问题就是不想要的、讨厌的东西。

的确，这些是问题带给我们的直观感受，但我们似乎很难通过"感受"来定义问题，把问题这个变化莫测的东西"扣住"。尽管得出定义并不是目的，但弄清问题到底是什么，将使你获知一个重要的秘密。

现在，请你在脑海中呈现一个最近遇到的具体问题，思考：当你认为它是"问题"时，你是否对它的产生不太满意？它表明某事、某物或某人可能没有满足你的期望，没能达到你的标准，让你感到纠结或不确定，但也意味着你本来是有所期待的。

实际上，让你感到不满意的是"现状"，带给你期待的是"现状"背后的"目标"，而问题就是现状与目标之间的差值的绝对值，也就是"差距"（Δ，Delta）。

问题 =| 现状 − 目标 |

Problem = | Current situation − Target |

当你仔细观察这个公式就会发现——**每个问题的背后，一定藏着一个目标**。假如没有目标，或目标与现状完全相等，Δ 为"0"，问题就不是问题了。一旦你真正理解了这一点，你就把握住了解决问题的命脉。

很多人认为解决问题就是处理麻烦，像对待垃圾那样对问题避之不及，想着尽快消灭问题，甚至想"消灭"问题中的人。

实际上，没有一个问题是毫无价值的，每个问题的背后都对应着你的目标，你的需求，你改善现状的愿望，这些都代表着你对更好生活的憧憬，都是你的机会。

机会在哪里？我们要如何把握呢？回顾我们日常解决问题的模式，看看下面的对话你是否熟悉？

♫ "我睡不着。"家人说：你放松点儿不就好了吗？

♫ "我高兴不起来。"朋友说：你想开点儿不就好了吗？

♫ "这道题我总是做错。"老师说：你认真点儿不就好了吗？

♫ "项目很难按期完成。"领导说：你再努努力不就好了吗？

在解决问题时，人们容易简单、直接地给出建议，从问题直接到方案，跳过识别问题、分析问题的过程。

随着时间流逝，小问题逐渐变成了大问题，当下的问题变成了历史遗留问题，工作和生活问题搅在一起并相互影响，我们也就错过了问题背后的机会。

其实，"睡不着"背后的机会是更健康的身体状态，"不高兴"背后的机会是更强的个人幸福感、更美好的关系，"做错题"背后的机会是更好的学习表现、更适合的学习方法，"项目拖延"背后的机会是更高的绩效、更有凝聚力的团队、更大的客户价值。

解决问题是通往目标的必由之路。**接下来我们要做的，就是关注问题背后的价值，把握每一个问题背后的机会。**

---

## 2　在问题面前，我是谁？

---

在棘手的问题面前，人们通常有两种身份。有些人认为自己是"**问题的受害者**"，感到无可奈何、孤立无援。他们经常这样想。

  ♪  Ta 变了（本书中用 Ta 代指第三人称）。

  ♪  Ta 不理解我的难处。

  ♪  Ta 太强势了，总是自以为是。

  ♪  他们能力不够 / 效率太低。

  ♪  他们积极性差 / 不团结一致。

  ♪  这个选择太令人纠结了。

  ♪  真倒霉，刚洗完车就下雨了。

有些人认为自己是"**问题的制造者**"，感到自责、内疚甚至自我厌恶。他们时常这样反思。

  ♪  我很后悔那样做。

  ♪  早知道我就不离开了。

  ♪  我又没控制住自己，吃了垃圾食品。

  ♪  我又冲动消费了。

  ♪  我玩手机的时间太长了。

  ♪  都怪我太没毅力、太冲动了。

  ♪  去年设的目标又没完成。

在问题面前，你怎样定位自己的身份呢？明确"你是谁"，是解决问题前的头等大事——这一点再怎么强调也不为过。许多问题之所以长时间无解，都与错误或模糊的身份定位有关。

如果我们将自己定位为问题的"受害者"或"制造者"，就意味着我们要么被问题伤害，要么不小心制造了问题，也就相当于认同了自己和问题是相互对抗的，把解决问题等同于打败麻烦。

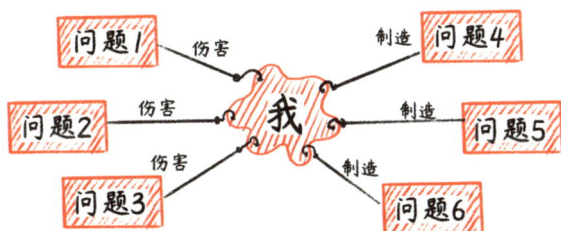

这时的我们像是在与问题拔河——在同一层面对峙。在 KSME 问题解决课堂上，有人形容这种感受就像是掉进了一个陷阱，自己被问题层层包裹着，仿佛"我就是问题，问题就是我"，甚至开始否定、厌恶自己。

很多情况下，**身份定位的误差，会令我们为解决问题付出的努力朝错误的方向飞驰。**如果你在解决某个问题时感到吃力，并不一定是因为你欠缺某种能力或毅力，可能你只是还没意识到自己是"谁"，或者说，你没有找到最佳位置。

现在，我邀请你放下与问题拔河的绳子，慢慢上来，看看上面的风景——你会看到整个局面究竟如何了。

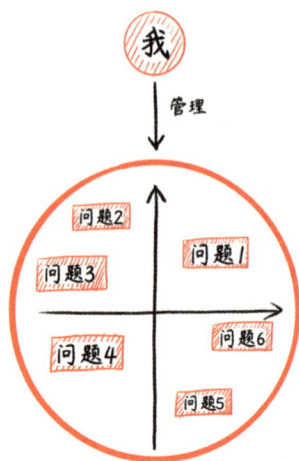

当你翻开本书时，你已经有了一个新身份——你既不是问题的受害者，也不是问题的制造者——**你是一位卓越的问题管理者。**

问题管理者是不被问题管理，而主动管理问题的人，它是你在问题面前的"战略性身份"。这个身份将带给你新的视角，新的思考，新的发现；将使你看到原来难以看到的，把握过去难以把握的，帮助你引领自己和身边的人一步步解决问题、达成愿景。

- ♪ 当别人看到问题带来的麻烦时，你看到的是问题带来的机会。
- ♪ 当别人追究问题产生的原因时，你看到的是问题背后的目标。
- ♪ 当别人搜寻制造问题的"罪犯"时，你在寻找谁是解决问题的"盟友"。
- ♪ 当别人关注自己失去什么时，你看到的是自己还拥有什么、可能获得什么。
- ♪ 当别人抱怨某个问题无解时，你想的是为了实现目标，自己总可以做点儿什么。

在多年解决问题的实践中，我发现这样一个现象：有人是企业高管，有人是大学教授，有人是专业咨询师，他们经验丰富，能够帮助身边的人面对挑战，但当面对与自己相关的问题时，常感到无能为力。

一家大型企业的总经理工作很忙，他已经 3 个多月没有回家，却为了解决孩子的问题专程飞到北京。他一边倾诉，一边落泪："我经常给别人做工作，轮到解决自己的孩子的问题时，竟然一点儿办法都没有。"

他说自己很重视孩子的教育，每周都打电话嘱咐、引导孩子，但孩子的情况却越来越糟。他认为自己作为父亲已经倾尽全力，该做的都做了，可情况还是没有改善。

和这位父亲一样，很多人不是没有能力解决问题，而是不能解决"与自己相关"的问题。原因在于，他们把问题相关者（如父亲）的角色和问题管理者的角色等同了。

**你需要做的就是把这两个角色分开——真正地分开。**

你无法在制造问题的同一个思维层面上解决这个问题。

——阿尔伯特·爱因斯坦（Albert Einstein）

问题管理者与问题相关者最大的区别，在于二者的思考方式有巨大差异。当问题相关者辗转在具体角色的职责范围里，关注着自己作为项目经理、作为下属、作为父母、作为子女付出了什么，是否胜任角色、对方是否理解时，问题管理者思考的是以下这些问题。

我们要解决的问题是什么？参与解决的人有哪些？他们的状态如何？如何调动他们的意愿？我们现在在哪里，有哪些困难？我们要去哪里，如何到达那里？前进的过程中有哪些干扰？如何确定最佳路线？……

做到这一点很不容易，需要你在问题解决过程中既保持理性，又饱含温情。**然而一旦你真正区分开这两个角色，你会发现一些阻力开始消失，许多限制被你解除，你拥有了新的自由！**

对于孩子的教育问题，你既能充当家长的角色，为孩子提供来自父亲、母亲的支持，还能升维到"问题管理者"的身份，"俯瞰"家长和孩子共同面对的问题。当你这样做时，你就仿佛站在高处，看着一家人解决问题，并用新的思路带领全家人走出问题困境。

对于部门的问题，你既能考虑到自己的职责和角色，也能用问题管理者的思维把握全局；对于跨部门的问题，你既能站在自己部门的角度思考问题，也能突破"部门墙"的限制，思考如何协同各部门解决问题、达成目标。

对于自己的问题，你不会再受限于在日常生活中扮演的角色，而会开始从第三视角看待问题、善待问题，就像解决别人的问题一样。

如果你在任何问题面前都能不受自己原有身份的限制，始终坚守自己的第二身份——问题管理者，那么你的影响力将在各个场景中得到淋漓尽致的发挥：在家庭中，你将是爱人、孩子、父母可靠的臂膀；在工作中，你将成为一位充满魅力的领导者、不可替代的协作者；对个人来说，你将拥有更多的自由。

正如前言强调的，解决问题绝不仅是对方法、技巧的运用，更是一场对心智的考验，包括对我们所秉持的视角、思维，我们所具备的勇气、信心的综合考验。

在接下来的章节中，你将以"问题管理者"这一崭新的身份出现，而对这一身份的坚守，将成为你在解决问题中最关键且需始终坚持的原则。

# 3　问题很多，是我不够好吗？

化工制造商巨头陶氏化学工业公司初创时，一位求职者仔细润色了他的工作履历，并一再向面试官强调他的最大优势：不管情况如何，他都从未在以往的工作中犯过错误。

该公司的创始人赫伯特·亨利·道（Herbert Henry Dow）打断了他的自我介绍："我们有 3000 人在这里工作，他们平均每天要犯共 3000 个错误，我不会雇佣一个'完美无缺'的人，来让他们感到被侮辱。"

"问题"不等于"错误"，但一个人做的事情越多，产生问题的机会就越多。**"有问题"的反义词不是"没有问题"，而是"什么都不做"**。

你或许发现童年时期自己面对的问题比较少，解决起来也相对容易。但随着你日渐成熟，摆在你面前的问题越来越多，也越来越有挑战性。学业、经济、情感、健康的问题开始走入你的生活，来自客户、领导、下属的问题与来自爱人、孩子、父母、亲戚的问题，压在了你身上。

当问题出现时，我们往往会本能地责备自己，怀疑是自己"不够好"才导致问题产生。但请明确，这其中的原因正相反——越是能力卓越的人，面临的问题就越艰巨；越是被周围人需要的人，面临的问题就越多。

问题管理者不仅能解决问题，还能让自己免受问题的伤害。在掌握具体方法之前，你需要清晰地了解自己的卓越能力与美好品质。因为无论是怎样的问题，在你充满信心的、乐观的状态下，都一定会被解决。

现在请你放下本书，把你的双手放在眼前，像做科学实验一样仔细地观察它们。请你先认真地看一看自己的手心，再专注地观察一下手背。这是一双怎样的手呢？

♪ 你可能会发现，一些细细的纹路出现在了你原本光滑的手上。

♪ 因为日晒，手背的颜色比手心暗淡一些。

♪ 因为刚结束了辛苦的工作赶回家，指甲里有了一点儿尘土。

♪ 因为经常拿重物，指根处形成了一点儿硬硬的茧。

♪ 因为你曾不小心磕伤，它留下了一小块伤疤，如今看起来却更加有力。

你或许很少这样观察自己的手，但正是这双有了岁月痕迹的手，在过去数不清的日夜里勤勉地努力，一次又一次地战胜了艰难的挑战，坚韧地追求着理想的生活，为所爱的人不懈拼搏，取得了莫大的成就——这是一双非常了不起的手！

你曾用这双手战胜了哪些挑战呢？

这是一张"人生挑战图"，你不妨通过它来简单梳理一下自已曾战胜过的挑战——这或许就是你的人生故事中最惊心动魄的部分！

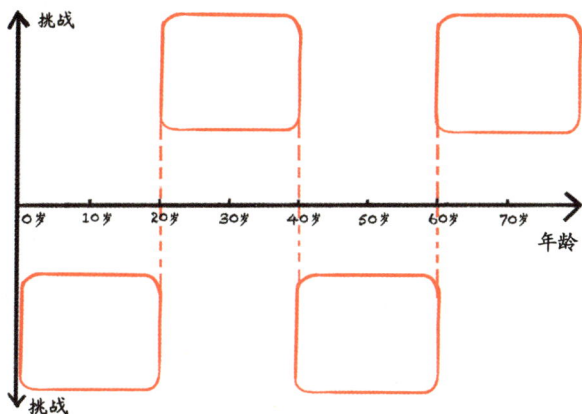

🗷 有人说，我在 14 岁那年战胜了脑膜炎的挑战，坚持治疗并重获健康。

🗷 有人说，我在 19 岁那年战胜了高考复读的挑战，走进了理想的大学。

🗷 有人说，我在 22 岁那年战胜了演讲焦虑的挑战，第一次勇敢地表达自己。

🗷 有人说，我在 35 岁那年战胜了创业失败的挑战，没有一蹶不振，重新开启了热爱的事业。

🗷 有人说，我在 40 岁时面临了亲人离世的伤痛，但我战胜了抑郁的挑战，带着至亲的祝福继续幸福地生活。

此刻，你的"人生挑战图"中是否已经有了好几个挑战？其实我们在说到"挑战"时，已经为问题分了类，而挑战就是指那些异常艰难、非常重要、极具价值的问题。

这些问题或许在当时看来都是很难迈过去的坎儿，但你都一一迈过去了，并且走得越来越精彩！因此，无论此刻或未来还有多少不确定性，作为问题管理者：

- 你都不会低估自己的能力，因为你知道，你早已具备了解决问题所需的一切，而此刻只需轻轻唤醒它们；
- 你不会低估自己的勇气，因为你明白，你只是暂时被问题困住了，但你本就知道如何战胜那些挑战，你比自己想象的还要厉害许多；
- 你不会低估自己的成就，因为你了解，过去的你已经写下了华章，而未来的你不可限量，你强烈的自我效能感，将使人生随你而动；
- 你不会低估自己的幸福，因为你知道，美好本身没有上限，你本来就该健康自在、喜悦满怀，你可以实现你的所想，因为你注定要拥有精彩的一生！

## 4　解决问题前，我要准备些什么？

你好，问题管理者，恭喜你马上就要踏上解决问题的旅程了！不过请别赤手空拳，我在这里为你准备了一张新地图，并在上面标示了最佳路线与好用的工具，这些装备将最大限度地为你排除干扰，助你达成愿景。

解决问题就像驾驶一辆汽车，目的地是你的愿景。作为问题管理者，你就是发动引擎的人，你就是手握方向盘的人，你就是脚踩油门和刹车的人。车上的乘客都是和问题有关的人，也都是你在意的人。

那么，你打算如何驾驶这辆汽车呢？

### 1. 准备解决问题的状态

几乎每个人都知道，喝酒后不能开车，身体不适不能开车，盛怒之下不适合开车，过度疲劳时开车是危险驾驶，因为司机的状态会直接影响行车的安全。

但轮到解决问题时，我们往往容易轻视自我状态的关键影响。

- ↗ 有的人在忙碌了一天、极度疲劳时，仍与同事解决团队协作问题，结果适得其反。

- ↗ 有的人在喝酒后与合作伙伴解决项目问题，第二天却把方案抛诸脑后。

- ↗ 有的人在发烧、患上肠胃炎时解决自己的情绪问题，越努力解决，情绪越糟糕。

- ↗ 有的人在盛怒之下解决孩子的成绩问题，结果不仅没提升孩子的成绩，还引发了"家庭大战"。

实际上，这些都是属于"危险驾驶"的行为。解决问题的确是一个"烧脑"的过程，我们只有攒够充沛的精力，拥有平稳的情绪和清晰的思维，才能找到最有价值的解决方案。在下一章中，我们会继续为此做好准备。

### 2. 准备解决问题的环境（Where）

司机要在不受干扰、相对安静的情况下驾驶——这一点是公认的。在乘坐出租车时，有的车上还有提示牌：请勿与司机攀谈，或以任何方式干扰司机驾驶。

但是在解决问题时，我们容易忽略环境的影响，或干脆跳过解决问题地点的选择。你可能见到过，有的人在嘈杂的餐馆里解决问题，有的人在人流不断的商场里解决问题，有的人甚至在大马路上解决问题……

混乱和极度公开的环境，是解决问题的一大障碍，选择这样的环境往往意味着我们没有严肃对待需要解决的问题。无论你想解决的是自己的还是他人的问题，都请慎重选择地点。同一个问题，在马路上解决和在会议室解决，最终的效果可能存在天壤之别。

在阅读本书时，我非常希望你能在一个不受干扰的环境下与自己对话。请你务必在此时及今后打开本书前，准备一张白纸和两支彩笔，并在接下来呈现的视觉化图表中随时勾画，把自己解决问题的痕迹保留下来——这将是一笔重要的财富。

### 3. 准备解决问题的时间（When）

当准备出行时，我们一般都会为乘坐交通工具预留出足够的时间，也会考虑到路上拥堵的情况，提早出发。因为我们很了解：从出发地到目的地必然需要一个过程，必然需要支出时间成本。

但在解决问题时，我们往往想"立刻""马上""瞬间"就使问题烟消云散，宁可拿出半天时间用于内疚或愤怒，也不舍得留出整块的时间用于解决问题。

其实，解决问题就是从现状走到方案的过程。如果你能像出行一样，也为每一个问题预留出整块的解决时间，那么你就已经开始将问题纳入管理之中了。一般情况下，从确定问题到找到解决方案需要 0.5~2 小时，并不会占用你过多的时间。但往往就是这短暂的数小时，会在未来为你赢得更多时间。

### 4. 准备解决问题的初心（Why）

在启动汽车的那一瞬间，你一定知道自己的目的地是哪里，或许你还会打开导航，按照指引到达那里。

但轮到解决问题，尤其是在与他人一起解决问题时，我们容易在争论中忘记这次沟通为什么开始，忘记问题解决到哪一步了，甚至不知不觉地开始解决别的问题，忘记了解决问题的初心。

有的团队一开始想解决研发效率不高的问题，却在你一言、我一语的争论中，开始解决推卸责任、在背后说成员坏话的问题；有的夫妻一开始想解决孩子成绩下滑的问题，却最终演化成指责对方不会教育孩子、不顾家的问题。

许多情况下，一个问题确实会牵扯其他问题；但作为问题管理者，你要了解"无法在同一时间解决所有问题"，你会在沟通前确定要解决的具体问题，并全程秉持"一次只解决一个问题"的原则，坚守初心。

也许你会在沟通过程中发现其他的重要问题，没关系，你可以将它们记下来，并选择在其他时间——善待它们。

### 5. 坚守解决问题的原则（How）

如果你坐在副驾驶的位置上，发现司机开车时并不专注，一会儿看手机、一会儿听语音，时刻想着接其他的单，你可能会后悔坐上这辆车。

实际上，解决问题和开车一样，都需要"驾驶者"心无旁骛——**在每个时刻，都只聚焦于一步**。比如此刻是制定方案的阶段，我们就只聚焦于方案，不想任何其他方面，这也是本书一直提倡的原则。

- 在确定问题时，只确定问题。
- 在分析关系人时，只分析关系人。
- 在量化现状时，只量化现状。
- 在确定目标时，只确定目标。

别担心，你也许不必等到读完全书后才使问题得到解决。有可能读到第 2 章，你就解决了一些困扰自己已久的问题；读到第 4 章时，你已经成功解决了五六个问题。

不过还是请你尽可能按照本书的讲解顺序，一章一章地阅读。前面的每一步都将为后面的步骤做出必要的贡献，不会有任何浪费。**这不仅是找到最佳解决方案的办法，也是解决问题的最短路径。**

如果你现在时间紧张，请不要急着把本书读完，你可以另寻时间、换种心情，在最合适的时机重新打开它。

2

# 为什么要先善待情绪，再解决问题？

在棘手的问题面前，人们往往并不了解情绪的力量，任由情绪处在"自动驾驶"状态，简单地回应外部事件。但正如德国哲学家阿尔贝特·施韦泽（Albert Schweitzer）所指出的："成功并非是通往快乐的钥匙，快乐是打开成功之门的钥匙。"

在这一章中，你将了解如何把情绪问题与实际问题分开管理，DIY 实用、高效的情绪管理工具，用"金色信念"取代"灰色信念"并以此武装自己，让解决问题成为一件幸福的事。

# 1　快乐还是悲伤，取决于你头脑中的"秘密加工厂"

对于"先处理情绪，还是先解决问题"，经常有两种声音。一种声音是：必须先解决问题，因为坏情绪就是问题造成的，问题不解决，情绪也好不了。另一种声音是：先处理情绪，因为良好的情绪是解决问题的前提条件。对此，你又有怎样的想法？

你可能见过，不少人一边处理糟糕的情绪、一边解决复杂的问题，情绪激动、相互争吵，好像谁的声音大谁就有道理，谁的声音大谁就有权威。在不断争吵的过程中，氛围越来越糟糕，大家的情绪越来越激动，问题也逐步升级。

在日常生活中，情绪对解决问题的重要意义很容易被忽略。我把下面这张图称为**"情绪–问题连通器"**。通常情况下，当问题的解决有了眉目时，人们会感到高兴，随着解决进度的推进，人们的成就感也会越来越强，就像为"情绪–问题连通器"的左侧加水，右侧的液面也会跟着上升一样——但这只是一半的真相。

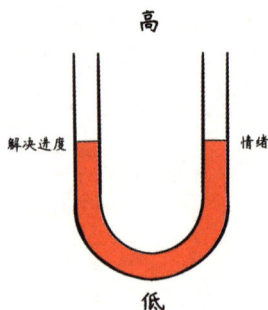

事实上，当你为右侧加水时，左侧的液面也必然会上升并与右侧齐平。你的情绪越好、越稳定，问题就会解决得越好、越快，这是因为"情绪问题"与"实际问题"相互连通，它们彼此牵动。

请你回忆一下，曾经有没有问题在你情绪不好的情况下得到了妥当的解决？

解决问题并不是一件简单随意的事，而是一个复杂的逻辑思考过程。人在什么情况下才能进行逻辑思考呢？如果孩子的心情很糟糕，他能解出复杂的数学题吗？如果员工的情绪很不稳定，他能否完成一项高难度的任务？

神经科学家约瑟夫·勒杜（Joseph LeDoux）言简意赅地指出："由情绪系统通往认知系统的连接，比由认知系统通往情绪系统的连接更加牢固。"

我们每天都会经历喜、怒、哀、乐、悲、恐、惊等情绪。情绪本身没有好坏之分，它反映我们本能地喜欢什么、不喜欢什么。但在解决实际问题时，如果一个人的情绪像过山车一样，他将很难顺利推进缜密的逻辑思考；如果我们没有善待自己或他人的情绪，想要与他人坐在一起共创解决方案就会难上加难。

大量问题解决的实践表明，只有把情绪问题和实际问题分开管理——**先善待情绪、再解决问题，才能真正释放问题背后的价值，**让解决问题成为一件幸福的事。

那么，情绪和问题之间到底有怎样的联系呢？

当问题出现时，委屈、焦虑、内疚、愤怒、抓狂、绝望等情绪也容易紧跟着出现，从表面上看，的确是问题直接引发了情绪。

♪ 刚洗完车就下雨了，我能不生气吗？

♪ 他故意不配合我的工作，我能不发火吗？

♫ 在一个岗位上努力了 3 年还没晋升，我能不焦虑吗？

♫ 我讲了好多遍，他还是犯同一个错误，我能不愤怒吗？

♫ 孩子都被请家长了，我还能淡定吗？

也就是说，具体问题一出现，它所对应的情绪就会跟着出现，我们通常认为这是合理的。

♫ 问题 1→情绪 1。

♫ 问题 2→情绪 2。

♫ 问题 3→情绪 3。

然而，你在过往的经历中是否发现：不同的人对待同一个问题，情绪表现可能不尽相同？同一个人在不同时期，对待同样的问题也会有不一样的情绪？

这意味着，我们的情绪并不是由具体事件直接引发的。那到底是什么在左右我们的情绪呢？美国心理学家阿尔伯特·埃利斯（Albert Ellis）创建的情绪 ABC 理论给出了一个值得我们借鉴的答案。

在情绪 ABC 理论中：

♫ A（Activating event）是指诱发性事件，即"问题"；

♫ B（Belief）是针对此诱发性事件产生的信念，即对这一事件的看法、解释和评价；

♫ C（Consequence）是指情绪结果。

人的情绪结果 C 不是由某一诱发性事件 A 本身引起的，而是由人对这一事件的看法、解释和评价 B 引起的。

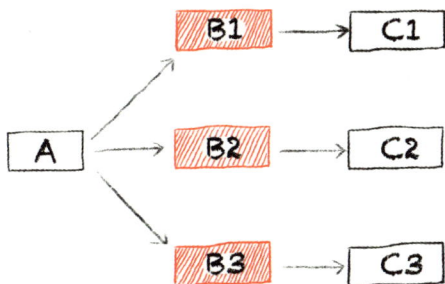

正如图中所示：

↯ 对于同样的事件 A，通过 B1，就会得到情绪结果 C1；

↯ 对于同样的事件 A，通过 B2，就会得到情绪结果 C2；

↯ 对于同样的事件 A，通过 B3，就会得到情绪结果 C3。

B 就像是 A 和 C 之间的"加工厂"，它用我们的看法、解释和评价为 A 加工，最后产出情绪结果 C。很多情况下，我们只能看到水面之上的具体事件和情绪结果，忽略了水面之下还有一个"秘密加工厂"——它恰恰就是我们管理情绪的入口。

# 2 找回美好情绪：用"金色信念"取代"灰色信念"

这个秘密加工厂的内部到底发生了什么呢？它是以怎样的原则加工的呢？

人是有语言的高级生命，思维借助语言而进行。普通人每天会在脑海里闪过成千上万句语言，但除非出现严重问题，我们几乎不会特别留意这些语言的存在。

就像呼吸是人的头等大事，一个人一天要呼吸 2 万多次以维持生命。但除非呼吸困难或出现空气污染，我们几乎不会留意到这一呼一吸的力量。

你或许认为人类是通过具体行为来改变世界的，或觉得只有"说出来的语言"才值得留意，"脑海里的语言"只是走个过场。但事实并非如此。塑造你的生活的不是别的——正是这些脑海里的语言，构成了人与人之间最大的差别。

如果有一台录音机能把脑海里的语言录下来，你就会发现有的语言一闪而过，有的语言反复出现，有些负面的语言可能自己都不愿意再听。实际上，每一句语言都不是无意义的，都对你有影响。

其中，反复出现在你脑海里的语言，力量非常强大。**因为在你脑海里不断重复的语言，就是你的信念。而信念绝不仅是一个人所掌控的想法——信念是能掌控人的想法。**

你每天重复的语言、你所秉持的信念，就是这个秘密加工厂运行的原则。因此要想解决问题 A，并在过程中获得"好的感受"C，你就必须改变那些阻碍自己达成愿景的信念 B。

试想一下，如果一份食物腐烂、发霉了，你一定不想碰它，更不会反复咀嚼；但有些信念已经"发霉"了，你不一定察觉得到，甚至还会反复品味它。因此我们需要做的，就是找出那些"发霉"的信念，用新鲜、健康的信念取代它。

为了帮助你直观地区分这两类信念，**我们把偏向消极、被动、僵化的思维称为"灰色信念"，把偏向积极、主动、有创新性的思维称为"金色信念"。**

下面这张"信念转换表"在 KSME 问题解决课堂上非常受欢迎，你不妨也尝试利用：在遇到问题时，请你先从左侧第一列选择与你的想法一致的信念，再看向与之对应的"金色信念"，用金色信念替换灰色信念，完成一次信念的转换，从中体验不同的信念给你带来的不同感受。

## 信念转换表

| 灰色信念 | 转换 | 金色信念 |
|---|:---:|---|
| 问题必须马上解决 | → | 方向永远优于速度 |
| Ta 不应该这样想问题 | → | 每个人都可以有自己的想法，你可以和我不同，我也可以和你不同 |
| Ta 必须听我的 | → | 每个人都最了解自己的情况，人人都会为自己做出当下最好的选择 |
| Ta 必须先改变 | → | 首先改变的人最有力量，改变自己才能影响他人 |
| Ta 没有希望了 | → | 人人都渴望成长，Ta 只是暂时遇到了困难，每个人都有不可估量的未来 |
| 我是对的，Ta 是错的 | → | 解决问题不是搜索"罪犯"，而是寻找"盟友"的征程——不做裁判做伙伴 |
| Ta 必须承担责任 | → | 我能为此贡献什么 |
| Ta 对不起我，我不能原谅 Ta 的错误 | → | 人人都有局限性，我不应停留在昨天，原谅他人就是拥抱未来 |
| 他们都比我强 | → | 每个人都是独一无二的，人人皆有所长 |
| 我失去了很多，没有希望了 | → | 我拥有很多（资源、机会、优势等），可以从头再来 |
| 出现问题太倒霉了 | → | 出现问题是常态，问题也是机会 |
| 好后悔啊，要是……就好了 | → | 我是一个幸运的人，一切都是最好的安排，如果现在不是，未来也一定会是 |

| 灰色信念 | 转换 | 金色信念 |
|---|---|---|
| 事情都这样了，我能不生气/绝望吗 | → | 我才是情绪的主人，我可以转换自己的信念 |
| 我不得不……<br>我迫不得已……<br>我别无选择…… | → | 任何时候，我们都有选择的权利和自由，拥有多种可能 |
| 这个问题无解了 | → | 为了解决问题，我一定可以做点儿什么 |
| 我现在心情很差 | → | 我要如何让自己的心情变好呢 |
| 先拖着吧，反正做什么都没用 | → | 如果现在就可以做点儿事，那会是什么事 |
| 我/Ta进步得太慢 | → | 一系列小的改变，足以带来大的改变 |
| 担心自己搞砸某件事，对未来感到焦虑 | → | 把担忧变为祝福——我是自己人生的总导演 |

当你看向"金色信念"列时，你的情绪是否比看向"灰色信念"列时更好，并且感到自己在问题面前更有力量？这是因为美好的信念无法与不好的感受在一起；同样，好的感受也不可能与不好的信念同时存在。

如果你想让美好情绪成为自己人生的主旋律，金色信念将成为你最好的"武装"之一。无论遇到什么问题，请第一时间让这些强有力的信念为你保驾护航。

不过，转换信念并不是一劳永逸的事。我们的信念会受到外界的影响，不经常清扫也会产生灰尘——这就是把那些消极、被动、僵化的思维称为"灰色信念"的原因。

每个人或多或少都有灰色信念，我们要时刻注意，在遇到问题时不妨问一问自己：**此刻我的脑海里是什么颜色的？** 不用着急，等到脑海里是一片金灿灿的颜色时，再开始解决问题的旅程——这将使你事半功倍。当有一天金色信念成为你的"默认设置"时，你就成了一名真正的问题管理者！

# 3 DIY 你的"情绪管理工具包"：是时候切换镜头了！

有人说："我来不及转换信念就生气了！"的确，人一旦出现负面情绪，就容易一步步陷入其中，从一开始的委屈、伤感，逐渐走向愤怒甚至绝望，想不到自己能用什么办法脱离情绪困境。

实际上，每个人都经历过各种情绪，甚至在一天之中就有很多不同的情绪体验。**这也意味着，每个人都积累了许多处理情绪的经验，包括小孩子。**但是，很少有人会去整理自己的经验，尽管这种整理对未来情绪的管理而言极有价值。

需要注意的是，我们不能等到坏情绪出现了才临时思考自己有什么应对的妙招，因为那时的我们忙着生气、忙着处理实际问题，无暇顾及用什么方法可以找回平静和欢乐。因此，整理情绪管理经验的工作要在平时进行，即未雨绸缪。

所以，不如现在就 DIY 一个你的个性化"情绪管理工具包"吧！请你先在一张纸上写下"情绪管理工具包"7 个字。然后思考一下：在过去出现负面情绪时，你是采用什么方法来平复情绪的？你在做什么事情时、和谁在一起时、在什么场景下感到放松且愉快？

别担心，这并不是在"逃避"问题，而是为了把自己的情绪调整到最佳状态，进而更好地管理问题。请尽量把你能想到的方法都记录在纸上。

每个人都有最适合自己的情绪管理方式，下面这些是 KSME 问题解决课堂上学员们提到的小工具。如果你觉得其中某些值得借鉴，也可以把它们加入你的工具包中。

- ♫ 到户外走一走、吹吹风。
- ♫ 躺在草坪上望向蓝天。
- ♫ 在大自然里放声歌唱。
- ♫ 买鲜花 / 买衣服 / 买菜。
- ♫ 到楼下打场球。
- ♫ 出门扔垃圾。
- ♫ 吃某某品牌的甜品。
- ♫ 把吐槽的话写在纸上。
- ♫ 用吸尘器拖地 / 整理房间。
- ♫ 逛博物馆、纪念馆、美术馆。
- ♫ 听 TED 演讲。
- ♫ 看脱口秀 / 看电影。
- ♫ 揉一揉自己的宠物。
- ♫ 去宠物店"撸"猫 / "撸"狗。
- ♫ 睡个懒觉。
- ♫ 深呼吸、腹式呼吸。
- ♫ 听音乐或冥想。
- ♫ 洗个热水澡 / 泡温泉。

♪ 亲手给自己做一顿美食。

♪ 听音乐或骑自行车。

♪ 做手工 / 画画。

♪ 看看地图，决定下一次去哪儿旅行。

♪ 爬山，登高望远。

♪ 看一看小时候的照片。

♪ 和亲密的人紧紧拥抱。

♪ 找积极、快乐的人一起喝茶、吃饭。

总的来说，如果负面情绪比较严重，你就需要暂时远离会让你产生这种情绪的地方或事情——主动转变场景。

你是自己生活的总导演，你可以决定你的电影何时切换镜头。**悲剧和喜剧通常不会在同一个镜头里出现，只有切换到新的镜头，才会有新的故事发生。**

现在，请从你的"情绪管理工具包"里选择 6 个最适合你当前状态的工具，填入下面的"情绪管理工具卡"中。

情绪管理工具卡

在填写这张卡片时：

♪ 你可以换一种让人放松的字体，用可爱的方式书写；

♪ 你也可以用卡通画来表示这些工具，让这张卡片充满创意；

♪ 你还可以在上面写几句祝福自己的话语，不妨感性一点儿；

♪ 完成后，你可以把这张卡片剪下来，贴在卧室里或随身携带。

这张卡片在什么时候会派上大用场呢？

坏情绪来时如洪水猛兽，会迅速席卷我们的身心，很多令人感到后悔的语言和行为，都是在情绪快速恶化时出现的。

如果你感到自己的情绪越来越糟糕、自己越来越生气/委屈，请先不要忙着解决问题，这时你可以对自己说："出现问题没关系，先让条件反射停下来，先不要让情绪处于'自动驾驶'状态，先不要采取行动——要'慢半拍'。"

有时，仅仅停下6秒，就足以让你在这个短暂的时间窗口想起情绪管理工具卡。当你感到委屈、生气、焦虑时，你就把这张卡片拿出来看一看，或是用它捂住胸口……也许一想到这个过程，你就被温暖了，心情就变好了。

需要特别提醒的是，这张卡片不是一成不变的，需要定期更新：保留最适合自己的工具，补充新的工具，删除不再适合自己的工具。

# 4 别再说"不错""还行"，让口头禅更新换代

"今天过得怎么样？"在 KSME 问题解决课堂上，我经常会这样问。

大多数人的回答是："不错""还行""挺好""还可以"……虽然这些词语都在表示"今天过得好"，但是你从中感受到"好"了吗？

无论你是否感受到，他们都在用这些形容感受的词语，讲述自己的人生故事。**你想让自己的人生故事里充满"凑合""不错""还行"，还是充满"棒呆了（形容好到无以复加）""太幸福了""真是令人喜出望外""精彩得无与伦比"？**

现实生活中，我们往往"不舍得"用后一种形容词，甚至"不敢拥有"这种程度的快乐，潜意识里觉得：

♪ 好像还没那么好，还没好到极致；

♪ 我还有这么多问题要解决；

♪ 我还有那么多压力要面对；

♪ 按理说，我不应该那样开心；

♪ 老话说"乐极生悲"，我不能喜形于色；

♪ 我不值得 / 我没有资格，这对我来说是奢侈的。

请别误解，当你说"棒呆了""太幸福了"时，不是在"夸张"，而是在"主动强化"你的美好感受——也就是让生活碎片里出现的美好情绪，最大化地发挥正面作用。

要想解决困难的问题，我们首先要把心理能量提到一个很高的层次；要想让自己的人生故事变得美好，我们必须把美好情绪捕捉到、留下来，并把它推向高潮！

是时候换一套新的口头禅了！我为你设计了一套有趣的"棒呆了词汇卡"，里面有你喜欢的词语吗？在最后一张卡片里，你可以加入有创意的口头禅——凡是让你感到美好、愉悦的词语都可以。

现在请你做一个实验，把你今天所说的"还行""不错""挺好"都换成"棒呆了词汇卡"中的词语，看看会发生什么。

"'棒呆了'的提法我是第一次听说，起初觉得有些尴尬，内敛的我很少用这么夸张的词"，一位朋友说道，"但当我第一次说出口的时候，这个词竟变得非常亲切！是呀，为什么我不可以更热烈和活泼一些呢？面对生活，我为什么不能放飞自己，去热烈地拥抱它呢？"

如果条件允许，最好的方式就是和亲密的人一起换口头禅。你不妨邀请自己的伴侣、孩子、父母或朋友一起看看这张"棒呆了词汇卡"，选出你们最喜欢的几句口头禅。

当你问 Ta："嗨，今天过得怎么样？"

Ta 反应了一下："不错……哦不，是棒呆了！"

"哈哈哈，祝贺你，我的一天也是超乎想象的棒！"

"我今天做的菜怎么样？"

"不瞒你说，真是好吃极了！"

当你们把口头禅更新换代后，这些好玩的词语将成为你们之间的"梗"，能增加互动的乐趣，营造更具支持性的人际环境。在第4章中，你将进一步理解这样做的意义。

需要澄清的是，这些词语并不是在"拒绝承认"坏情绪。当你有糟糕的情绪时，"信念转换表""情绪管理工具包"会帮助你接纳情绪，重归平和、自在——这也是我们在生活中大部分时间的状态。

"棒呆了词汇卡"只有在你情绪比较好时才能发挥效用——**它不是在"强制"你从不快乐变为快乐，或假装快乐，而是在"强化"你已有的快乐。**只要你能在一天中用它3次，就会为自己的生活带来很大的变化！

## 棒呆了词汇卡
### Fabulous Vocabulary Card

| | | |
|---|---|---|
| 太幸福啦！<br>Happiness runs over! | 喜出望外！<br>Overjoyed! | 高兴得不得了！<br>Such cheerful! |
| 好酷呀！<br>That's awesome! | 棒呆了！<br>That's fabulous! | 心花怒放！<br>Ecstatic! |
| 太有乐趣啦！<br>Too much fun! | 真是太了不起啦！<br>So great! | |

"棒呆了词汇卡"还有一个配套的情绪管理工具："棒呆了日记。"这种日记比较特殊，它只负责记录你一天中感到开心的3件事情。

# 棒呆了日记

每天的日记可以非常简短，简短到只有 3 句话。但是你需要用到"棒呆了词汇卡"中的词语，在脑海中完成一次普通话语的华丽转变。

↗ 今天早上天气不错→今天早上的天气真让人感到幸福啊！

↗ 中午的饭好吃→食堂的糖醋排骨美味得不得了！

↗ 准时下班了→我虽然遇到了困难，但依然在下班前完成了所有工作，这真是值得庆祝的事情！

↗ Ta 笑得挺好看→在我心里，Ta 今天的笑容真是非常有魅力！

♫ 今天过得还可以→今天真是充满乐趣的一天，真是令人喜出望外的一天！

有的朋友坚持写了一周"棒呆了日记"后，惊喜地告诉我："太神奇了，我发现 3 件事情根本不够我写！昨天我的手机不小心掉进了厕所，以前我肯定会超级生气和内疚，可现在我却下意识地说了一句'好酷啊，旧的不去，新的不来'！说完自己'扑哧'笑出了声，平静又开心地去修手机了。原来生活还可以过成这样！"

留意好的情绪，并用"说出"和"写下"的语言强化它们，是 KSME 情绪管理中的关键环节。这个环节中发挥作用的机制并非心理暗示——我们脑海里的语言绝不只是走个过场而已，它直接构成了我们的生活本身。

> 幸福不是偶然的，也不是你希望的那样，
>
> 幸福是你设计的结果。
>
> ——吉姆·罗恩（Jim Rohn）

所以，请敢于快乐、大胆表达，不要吝啬你的"溢美之词"。毕竟，你正在用它讲述自己精彩、丰富的人生故事。

# 把所有问题摊在桌面上
## ——选出你的"问题之王"

　　虽然每一个问题的背后都蕴藏着机会，但如果一个人同时思考很多问题，问题的大小不分、严重程度不分，谁的问题不分，什么时候的问题不分……这样一不小心，就会用小问题打败大问题，用别人的问题打败自己的问题。

　　在这一章中，你将了解如何为过度思考按下暂停键，如何与问题保持最佳距离，如何把所有问题摊在桌面上，通过价值罗盘和紧急重要模型的匹配找到"问题之王"，从而获得更多掌控感。

# 1　开始运用问题清单，是工作、生活的一次革命

　　一天晚上，一位年轻的 A 先生给我打来长途电话，不停歇地将一段话重复了 1 小时，其间几乎没有我插话的机会。

　　在基层工作了 4 年，最近好不容易被调到了管理部门，周围的人都羡慕我有这样的机会，但对我来说——噩梦好像才刚刚开始！

　　领导和同事一会儿要这种资料，一会儿要那种资料；我提供的资料也不知道对不对、全不全；领导布置任务时没有长期规划，到我这里时，好多工作难以推动，似乎很多项目都是因为我卡住了，各方催我都催得急。

　　来自公司考核、项目检查等多方面的压力，也让我喘不过气。好多工作内容都让我感到乱糟糟的，我忍受不了这种混乱。我本身就性格内向、不善交际，昨天同事 C 和经理 B 在背后说我不能胜任这份工作，被我听到了，原来我在他们心里这么糟糕！

　　而且一周前我刚刚做完阑尾炎手术，一出院就投入工作，感觉很疲劳；女友说我情绪不好，因此总和我闹别扭。我要不要离职呢？离职后又能干什么？房贷怎么办？……

　　他说，这些问题每天都在他脑子里翻来覆去地转，使他这两个月经常彻夜难眠。

　　现在，让我们看看他讲述的这些问题。试想一下，如果这样思

考问题，问题会有解吗？

在 A 先生的脑海中，第一个问题还未得到解决，第二个问题就又不知从哪儿冒出来了，紧接着第三、第四个问题也跳入脑海……问题连着问题、问题套着问题，由此形成了一个"问题黑洞"，吸引更多问题呼啸而来……A 先生在不知不觉中就陷入了对问题的"过度思考"。

## ● 为过度思考按下暂停键

过度思考往往是"隐身"的，所以我们要发现自己正在过度思考并不容易。一提到"思考"，我们常将它与理性、智慧、知识等积极概念直接联系起来，认为思考会使局面好转。

然而，当大量问题在脑海里长期旋转时，大脑将因超负荷工作而过于疲劳。过度思考不一定会帮助我们更深入地认识问题，反而会让我们回想起与当下问题"共鸣"的往事，或引发我们对未来可能无法解决问题的担忧……最终，我们思考的问题很可能与当下无关，还会为身心健康带来伤害。

《城市词典》给了"过度思考"一个幽默的释义："搞砸所有事情的最佳方式"。

和 A 先生一样，我也曾把所有问题装在心里，因过度思考而身心俱疲。但问题就是机会，在早期的管理工作中，我开始思考如何管理问题，为过度思考按下暂停键。

于是，一种管理问题的利器——"问题清单"诞生了。这张看似平平无奇的清单，曾为我的工作带来了一场革命。那时我刚被调任到新的管理岗位，由于应接不暇的问题陡增，我决定用问题清单来梳理自己究竟遇到了哪些问题。

我将工作中的每一项挑战都填入问题清单中，并按照紧急／重要性分类。我每天最有成就感的事情之一就是更新清单：每当一个问题被解决，我就把该问题的状态从"Open"（待解决）改为"Closed"（已解决）。每次这样做时，都有一种美妙的成就感从心底生发出来。

我发现自己所有的工作几乎都是围绕着问题清单进行的，真切感受到了工作本身就是解决问题。

很多情况下，寻找问题并把它们罗列出来的感觉十分美好——有点儿"终于抓到你了"的意味！从在清单上写下第一个问题的那一刻起，你就会感到自己在问题面前掌握了更多主动权，对工作有了全新的掌控感。

现在，请你也列出自己的问题清单吧！

此时此刻，你的脑海里可能浮现了很多问题，有的是过去的问题，有的是未来的问题，还有的是正在发生的问题……

无论是怎样的问题，别担心，先把它们都记录下来。不用考虑先后顺序，也无须考虑问题是大是小、是否有可能解决，只管把所有能想到的问题填入问题清单。也许这会花上几分钟，但花的这个时间将非常值得，你很快就会感谢现在的你所做的事情。

根据喜好，你可以选择将问题写在电脑上或记事本上。特别提醒一下：如果写在记事本上，尽量写得慢一点儿，做到文字清晰，确保你下次再见到它们还能认出来。

此时，你只需要填写"问题是什么"这一列的内容。

# 问题清单

| 序号 | 问题是什么 | 紧急/重要性 | 问题状态 |
|------|-----------|-----------|---------|
| 1 | | | |
| 2 | | | |
| 3 | | | |
| 4 | | | |
| 5 | | | |
| 6 | | | |
| 7 | | | |
| 8 | | | |
| 9 | | | |

　　恭喜你，现在你有了一份属于自己的问题清单，这意味着从现在开始，清单上的这些问题马上就要被你妥善管理了。如果以后有任何新问题，你都可以随时补充到清单里。

　　看看这份问题清单，你有怎样的发现？你可以用一些简单的话记录一下此时的感受。如：

　　我感到自己有所放松；我感到生活更加可控；我发现有些问题是重复的，可以合并；问题虽然不少，但都被我"纳入囊中"了……

## 问题清单中少了什么？

现在，你的问题清单中有几个问题了呢？正在阅读本书的你可能是一位卓越的职场人士，有充分的责任感、进取心，或许你已经在清单中列出了不少与工作相关的问题。

但我想提示你的是，如果问题清单中只有工作中的挑战，不一定是件好事。我也是在一个"意外"发生之后才发现了这个道理。

在外企工作的前 14 年，工作几乎成了我的全部。爱人只要不加班就会来接我下班，有时我说让他等一会儿，却通常拖了一个小时才下楼。拉开车门的时候，我不是问候爱人，而是正打着电话。到家后吃完饭，我又开始了工作。为了不影响工作，我们曾把孩子送到老家由我妈妈照顾了 3 年……

总之那个时候，工作是我的唯一。

2010 年秋天，我的身体终于"罢工"了。记得那段时间公司刚刚结束合并重组，正在进行流程再造。我连续主持了两周亚太区培训工作会议，每天回家都很晚，还要准备第二天的会议内容。

在会议结束的第二天，也许是紧绷的神经放松了一些，在从会议室回到工位的几十米长的路上，我感到头重脚轻，一路摇摇晃晃，摸到座位后就晕倒了。

问题就是机会。过去的我只顾眼前的工作，在养病的两周时间里，我终于可以对自己的人生进行一次深度思考了——我如何才能健康起来？未来的职业发展方向在哪里？我的家庭如何变得更幸福？我要怎样才能为我珍视的人带来更多欢乐？

从 2010 年开始，我的问题清单发生了巨大的变化。我重新定义了问题清单——清单中增加了个人成长、身心健康、家庭建设等问题。这个变化对我来说是一个巨大的突破，它意味着工作和生活中的问题都被纳入了"管理"范围之内。

过去，我们通常认为工作就是工作，生活就是生活，却忽略了面对工作问题和生活问题的是同一个人。越来越多的大型企业意识到，员工绩效与其个人的身心健康、家庭幸福有直接的关联。是否承认这一点，几乎成了衡量企业管理理念是否现代化的标准之一。

事实上，工作问题与生活问题本就相互渗透，无法人为地割裂开来，一起解决反而更高效。有时解决了某个工作问题，生活中的一个难题也跟着化解了；又或者解决了某个生活问题，工作也跟着事半功倍。

一个有趣的现象是，在清单上罗列问题的时候，几乎没有人嫌弃问题多，倒是担心哪个问题会被遗漏——这和我们平常对待问题的态度截然不同。

其中的原因在于，大家列着列着就会发现，只有把所有问题都摊在桌面上，清楚地看到自己面对的问题到底有哪些，才有可能把这些问题变成机会。

需要注意的是，使用问题清单的一个核心原则是，不在同一时刻解决多个问题，而是一次只解决一个问题。遵循这一原则是让问题清单奏效的关键。

## ◑ 小心，别离问题太近

现在，请你将这份问题清单拿在手上，放在距离你的双眼 10 厘米以内的位置，仔细地看一看它。

你看到了什么？

是不是感到视野比较窄，难以看全所有问题，甚至还感到有点儿头晕？

现在，请你站起来休息一下，看一下远方。看到不能再远的位置时，保持一会儿。你也可以借此机会放空大脑，让眼里、心里全是远处的风景，避免过度思考。

接下来，请你再次看向问题清单，但双眼不要和清单离得太近，保持 40~50 厘米的距离。

你还可以让双眼离这份问题清单更远。此时在你的视野中，清单上的字是不是也变小了呢？

你不妨对着这些问题，在心里说："你们曾经都在我的心里，曾经离我太近，现在我和你们有了一定的距离，这个距离让我能更清晰地看见你们。"

问题在那里，你在这里。当一个人总是背负着问题，允许各种各样的问题随时在脑海里旋转，他看似是在解决问题，但事实上却是在担忧问题、顾虑问题。

和视物一样，离问题越近，我们就越发感到问题的巨大，越容易失去解决问题的信心和行动的力量。

当我们主动离问题远一点儿并重新看向问题时，问题看起来就变小了，你就成功为自己赋予了解决问题的宝贵信念与行动力——这就是面对问题的**"远一点儿法则"**。

因此，你不必时刻盯着问题清单，每天看一次就可以了。当你有点儿担心时，你可以想，问题都被记录下来了，全都在我的掌控之中。

除了空间上的"远一点儿法则"，还有一个时间上的"远一点儿法则"，也能帮助你有效摆脱问题带来的负担感。

在过去的经验中，你是否有过当时认为迈不过去的坎儿，后来你却一一迈过了，一些曾被你定义为"天大的问题"，后来也被你解决了的经历呢？

展开问题的时间轴，你也可以尝试这样问自己：5 天后的我，会怎么看待这个问题？5 个月后的我，会怎么看待这个问题？5 年后的我，会怎么看待这个问题？……

弄丢手机，可真是一件令人焦急又愤怒的事。5 天后，你已经买到了新手机，并把丢失的信息找回了。5 个月后，新手机用起来得心应手，这时你再看丢手机的问题，它还有那么严重吗？5 年后，你或许都不记得曾经丢过手机。

当你掌握了空间上的"远一点儿法则"，问题就被保管在了你的问题清单里，不再与你如影随形，这时你是否感到轻松一些了呢？

当你掌握了时间上的"远一点儿法则"，你就不会把问题压缩到一天去解决，而是会用一段时间去"平摊"这个问题。试试看，那会怎样？

# 2 让你纠结的是优先问题吗？

你或许已经发现，清单中的问题各有各的特点：有的问题看起来比较小，有的问题看起来却比较严重；有的是自己的问题，有的是他人的或者团队／组织的问题；有的是新出现的问题，有的是历史遗留问题，有的是会对未来产生影响的问题……

对于你的问题清单，你想先解决上面的哪个问题呢？不妨先把它圈出来，让自己不仅能想到它，还能真切地看到它。

你是怎样考虑这个问题的？你选择这个问题的依据是什么？请你试着这样问自己。

♫ 这个问题紧急吗？如果不尽快解决会怎样？

♫ 这个问题如果得到解决，会产生怎样的价值？

♫ 这个问题的解决会促进其他问题的解决吗？

回答了这 3 个问题后，你想先解决的还是刚才圈出的问题吗？

任何一个问题的解决都需要时间、需要付出，但并不是每个问题都需要被平等对待。有的人同时考虑很多问题，问题的大小不分，问题的严重程度不分，谁的问题不分，什么时候的问题不分……一不小心，就用小问题打败了大问题，用别人的问题打败了自己的问题。

作为问题管理者，你需要明确哪些问题是重要的，哪些问题是紧急的，哪些问题是需要特别重视的，哪些问题是可以忽略的。

有解 高效解决问题的关键 7 步

## 把问题放入紧急重要模型

将问题按紧急 / 重要性分类，是有效管理问题的关键一步。我们要首先解决哪些问题、忽略哪些问题，都能因此直观地得到答案。紧急重要模型根据问题的紧急和重要程度，对问题进行排列组合并分成 4 类，对应 4 个象限。

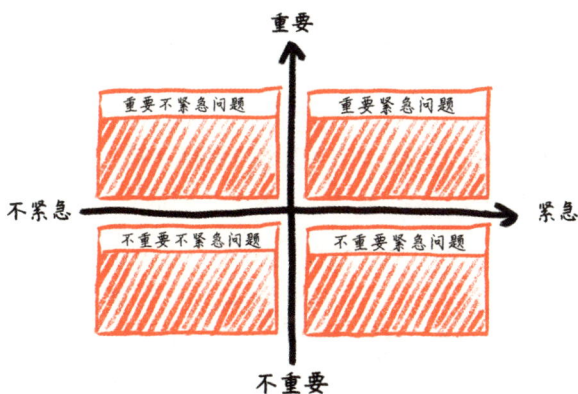

第一象限是重要紧急问题，第二象限是重要不紧急问题，第三象限是不重要不紧急问题，第四象限是不重要紧急问题。

但是，怎样准确判断问题的紧急性和重要性呢？

紧急性是按照时间的紧迫程度来定义的，相对容易把握。比如：领导突然通知你明天开会；集团通知第二天交一份报告；刚刚收到一个客户投诉；你在明天部门会议上用的发言稿还没准备好；你负责的重大项目已经比计划延迟了两周；孩子与同学争吵，老师让你马上到学校去……

这些问题看起来都比较紧急，你一定很容易做出判断。但是，"重要性"却不是一目了然的。有人说领导交办的都是重要的，有人说需要马上完成的都是重要的，有人说领导要检查的都是重要的，有人说客户需要的都是重要的……

对于"重要性"，你的定义依据是什么呢？

问题重要与否，在于这个问题被解决后会带来什么样的价值。但对于价值，每个人都有自己的定义。

如果你还没有仔细思考过自己对价值的定义，没关系，现在开始吧！

很简单，你需要一个价值罗盘，它就像汽车的方向盘一样，能帮助你掌握方向。试想一下，如果你在思考问题的重要性时，心里有杆秤，能形成一个稳定的判断标准，你就找到了工作和生活的重心，不会人云亦云、左右摇摆，以致失去方向。

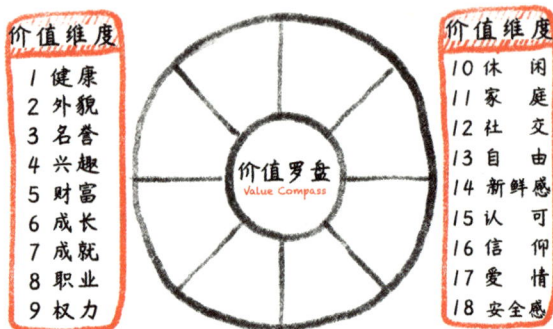

价值维度
1 健康
2 外貌
3 名誉
4 兴趣
5 财富
6 成长
7 成就
8 职业
9 权力

价值罗盘
Value Compass

价值维度
10 休闲
11 家庭
12 社交
13 自由
14 新鲜感
15 认可
16 信仰
17 爱情
18 安全感

首先，请你在上面的价值罗盘中填写自己最看重的 8 个价值维度。在罗盘两侧，我已为你提供了一些可供参考的价值维度，当然你也可以增加你看重的任何一个维度。

完成填写后，你就已经通过价值罗盘把看重的价值维度清晰地可视化了。

接下来，如果让你选择放弃其中 1 个价值维度，你会选择哪一个呢？

请你先从 8 个价值维度中去掉 1 个，并把对应的那一块涂黑。你可能稍有纠结，但很快也能选出来。

请你继续从剩余的 7 个价值维度中去掉 1 个，并把对应的那一块涂黑。你会去掉哪一个呢？

请你再斟酌一下，从剩下的 6 个价值维度中去掉 1 个，并涂黑对应的那一块。

以此类推，最终仅在价值罗盘中保留 3 个价值维度。

现在，你的价值罗盘中只有 3 个价值维度没有被涂黑。请仔细看看它们，这些才是你最看重的价值维度。

当你凝视这 3 个价值维度时，你有怎样的感受？在日常生活、工作中，你曾为它们做过什么？你是否曾在忙碌中忽视了它们？

一个孩子不爱上学，每天沉迷游戏，在他过去的价值罗盘中，游戏是最重要的。一家即将上市的公司的总经理，他的孩子退学了，而且出现了严重的心理问题，他的爱人每天以泪洗面，恳请他关心家庭和他本人的健康。我请这位总经理填写他的价值罗盘，猜猜他写的是什么。

他只写了一条：公司上市。他说没有什么事情比公司上市更重要，解决公司上市的问题是他的全部。他的另一句话让我更加震惊，他说自己经常感到身体透支，但这都不重要，即使自己累倒在岗位上，也一点儿都不后悔。

这样的价值罗盘，会把他带到哪里去呢？

在刚刚填写价值罗盘的过程中，你是否对一开始填写的某些内容产生了一点儿怀疑？如果需要修改，你也可以修改一下。

## 警惕常见陷阱：误把紧急当重要

此前，你已经对自己最看重的 8 个价值维度进行了排序。所有与这些价值维度相关的问题对你来说都是重要问题。你可以检视一下，自己的问题与价值罗盘的联系——特别是与你最看重的 3 个价值维度的联系。

如果"健康"在你的价值罗盘中，那么：

♪ 戒烟 / 戒酒，是不是重要问题？

♪ 体重管理 / 合理运动，是不是重要问题？

♪ 养成良好的生活习惯，是不是重要问题？

♪ 管理情绪，提升幸福感，是不是重要问题？

如果"成就"在你的价值罗盘中，那么：

♪ 个人综合能力的提升，是不是重要问题？

♪ 制定长远的职业规划，是不是重要问题？

♪ 自己和团队绩效的提高，是不是重要问题？

♪ 帮助领导 / 同事 / 客户解决燃眉之急，是不是重要问题？

如果"家庭"在你的价值罗盘中，那么：

♪ 亲密关系的经营，是不是重要问题？

♪ 更好地与子女沟通，是不是重要问题？

♪ 对老人身心健康的关注，是不是重要问题？

♪ 小家庭与大家庭的建设，是不是重要问题？

如果"自由"在你的价值罗盘中，那么：

♪ 规划相对自由的职业生涯，是不是重要问题？

♪ 拥有更多自己的时间，是不是重要问题？

♪ 让自己的视野更开阔、思想更自由，是不是重要问题？

价值罗盘是帮助我们解决问题的指南针，能确保我们在问题面前不偏离方向。它为我们判断哪些事更重要提供了依据，也就是**重要问题的判断依据**，使我们不会因处理紧急问题而放弃对重要问题的管理，甚至使重要问题恶化。

如果你对价值维度的排序是健康、家庭、职业、兴趣、财富、外貌、社交、新鲜感，尽管这些价值维度对你来说都非常重要，但请小心，**不要在执行中让"后项"压过"前项"**。比如，你不会为追求外貌而牺牲健康，不会为迎合社交而放弃对家人的陪伴，不会为了眼下的财富而打乱长远的职业发展规划。这意味着，你真正运用了自己的价值罗盘，守护了重要之事。

我们经常提到"价值观"，这个概念看上去很大，实际上，我们对价值维度的排序就是在澄清价值观。除了个人的价值罗盘外，企业、家庭、团队也可以画出相应的价值罗盘——这一步往往是解决组织问题的关键。

现在，你已经明确了紧急性和重要性的判断标准，可以**将你的问题清单匹配到紧急重要模型中了**。

如果你的问题不是很多，可以把问题直接写在对应的象限中，这样会非常直观。

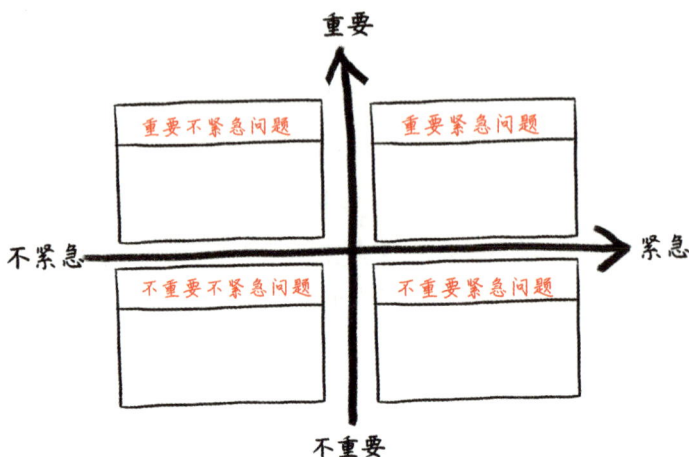

如果你的问题比较多，可以回到上文的问题清单中，在"紧急/重要性"一栏根据你的判断标准填写，写出象限的序号即可。

做这一步时，请警惕一个常见陷阱：**误把紧急当重要**。紧急问题确实会让人感到紧张，容易吸引我们的注意力，把我们迷惑住，让我们误以为它们很重要。

但请你仔细斟酌，它们往往只是紧急，却不一定重要。它们是否重要，你可以根据自己的价值罗盘来判断，如果只依赖直觉，就很有可能混淆。

## ◖ 优先驾驭重要问题，从紧张的节奏里解脱

当把问题清单和紧急重要模型匹配后，你有怎样的发现？

你是否发现，重要紧急问题的占比较大？

你是否发现，重要不紧急问题的占比较小？

你是否发现，有些令你心情不好的问题，好像是不重要不紧急问题？

你是否发现，你投入很多时间处理的问题，却可能是不重要紧急问题？

或者你从中发现了一个秘密：需要你特别关注的问题不在问题清单里，比如与价值罗盘中的重要价值维度相关的问题。现在，你可以**把丢失的重要问题加入你的问题清单里**。

如果你加入了，那么恭喜你，这是个巨大的收获，将为你未来解决问题奠定坚实的基础。接下来，对于问题清单中的问题，你会更重视哪个象限中的问题呢？

↗ 也许你打算按照这个顺序：重要紧急 > 不重要紧急 > 重要不紧急 > 不重要不紧急。

如果这样排序，那么你看重的是紧急而非重要，你将被紧急问题缠身，而忽略了重要问题。

↗ 也许你打算按照这个顺序：重要紧急 > 重要不紧急 > 不重要紧急 > 不重要不紧急。

如果是这样，恭喜你，你遵循了"要事优先"的原则，但这样排序还是有一个隐患：如果重要紧急问题过多，你仍然会忽略重要不紧急问题。大量案例证明，很多人每天将 90% 以上的时间用于处理紧急问题，只留下很少的精力去解决重要不紧急问题。

> 重要的事情通常不紧急，紧急的事情通常不重要。
> ——德怀特·D. 艾森豪威尔（Dwight D. Eisenhower）

一般来讲，除了特殊情况或不可抗因素外，重要的事情不紧急，紧急的事情不重要。**因为重要的事情需要被优先对待，不会等到变得紧急时才引起我们的重视。**

比如，电脑电量不足、即将自动关机，很有可能导致文件丢失或耽误要事。对许多人来说这是十万火急的事，但对你来说就不是，因为你已提前将充电器放到包里，还为重要文件做了备份，即使电量不足也不会令你焦急、紧张。

又如，递交项目报告对一般人来说很紧急，但对你就不是。因为你已经在项目进行的过程中充分整理了随时可供调用的素材，并总结了丰富的经验，因此撰写项目报告对你来说就不是一件能令你惊慌失措的事。

再如，你将高质量地陪伴家人放到了"重要问题"里，与爱人、孩子收获了充足的信任和可感知的爱，即使你们之间出现一些摩擦和冲突也会很快解决，不会争吵不休或冷战不止。

因此，第二象限的问题尤其需要被你关注。你只有提前做好规划，预防重要问题变得紧急，才能降低第一象限的紧张程度，让本不必绷紧的弦一直放松。

如果有一天，你能把第一象限的问题更多地**平推**到第二象限，并敢于按照"重要不紧急＞重要紧急＞不重要紧急＞不重要不紧急"这个顺序关注问题，那么恭喜你，你已经成了解决问题的高手，不会为眼前的小问题所困扰，而是能抓大放小、举重若轻。你会发现，紧急的问题越来越少，有更多的问题处在你的掌控之中，在工作中变得游刃有余，在生活中也更加从容。

# 3　有的问题需要握紧，有的问题需要放手

到了这里，你或许已经渐渐明朗，重要问题比紧急问题更需要被善待，更需要你未雨绸缪，重要问题就是你的优先问题。但第一、二象限的问题不止一个，要首先解决哪个问题、暂时忽略哪些问题呢？

## ● 筛出影响全局的"问题之王"

解决问题就像解开一个乱糟糟的毛线团，由于问题之间相互捆绑、缠绕，我们在很多时候都摸不到线头在哪里，也就无从下手。

有没有一个问题，解决了它，也能带动其他问题的解决？有，这样的问题被我们称为"问题之王"，它往往从优先问题中筛出。

我们先来看看前面提到的 A 先生的问题清单。

- 〃 不能独立完成工作。
- 〃 得不到领导的肯定。
- 〃 同事和经理在背后议论自己。
- 〃 和女友闹矛盾。
- 〃 手术后健康状况差。
- 〃 经常彻夜难眠。

↗ 对职业发展感到迷茫，没有信心。

在这 7 个主要问题中，哪一个问题是核心中的核心？哪一个问题最需要被优先解决呢？此时，"连线筛选法"或许能帮助你找到答案。

第一步，选出一个问题，如"健康状况差"，并尝试像这样问自己。

健康状况差，身心俱疲，会不会直接导致工作表现不佳？健康状况差，没有充沛的精力，会不会直接导致对职业发展的信心不足？健康状况差，情绪不好，会不会直接导致和女友的关系变差？ 等等。

如果你的答案是"Yes"，那么就从健康状况出发，画一条箭头指向对应问题的线。需要注意的是，这条线仅代表"直接"的影响，而不代表"间接"的影响。

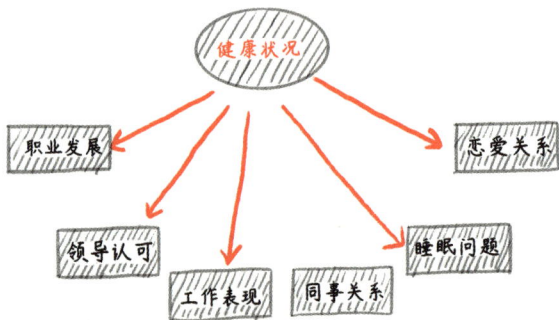

第二步，依次类推，为每个问题都画出指向另一个问题的线。

有解 高效解决问题的关键 7 步

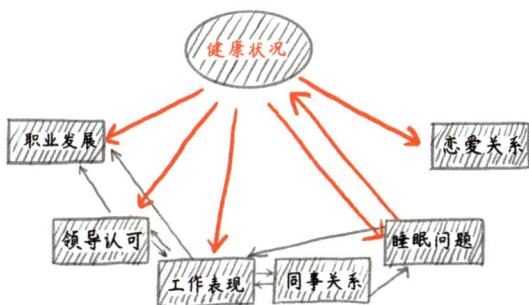

完成后，你有怎样的发现？你是否发现从某个问题"出发"的线最多？通过这样的梳理，你找到了最有影响力的问题——"问题之王"。

**很多情况下，这个问题的优先解决会直接带动其他问题的解决。**

如果从几个问题"出发"的线一样多，那么你可以参考你的价值罗盘，与排序最靠前的价值维度相关的问题，就可以被视作"问题之王"。

对 A 先生来说，他的"问题之王"就是手术后健康状况差的问题。此时，他不需要同时考虑多个问题，只需安心解决这个"问题之王"。

A 先生从"问题之王"入手，决定排除其他干扰，首先调整自己的健康状况。他充分休息、补充营养、适当运动、改善睡眠……

身体状况改善后，他的情绪也跟着变好，和女友的关系重归融洽；健康状况改善后；他也逐渐回到调任前的工作状态；5 周后，他所负责的项目顺利推动，他得到了领导的认可；随着个人效能的提升，他对未来的职业发展有了充足的信心。全部过程，只花了他一个半月的时间。

一位高科技公司的人力资源经理列出了自己在工作中的问题。

- ♪ 跨部门协调难，划分各部门职责难度大。
- ♪ 团队稳定性差，人员离职带来很多项目风险。
- ♪ 难以设计激励机制，提升经营绩效。
- ♪ 难以调整员工在项目低谷期的心态。
- ♪ 难以提升自身的领导力。
- ♪ 难以缩短新员工的成长周期。
- ♪ 难以提升客户满意度。

这些问题都非常有代表性，其中有的问题可以合并，但都需要被善待。通过使用"连线筛选法"，这位人力资源经理找到了自己的"问题之王"——"难以提升自身的领导力"。因为她发现：原来每个问题的解决都与自己领导力的提升直接相关。

## ⬤ 面对两难问题，如何做出"最优选择"？

如果说我们刚刚探讨的是"如何从 A 到 B"的问题，那么接下来分析的就是"A 还是 B"的问题。

经常有人向我咨询，是读博好还是工作好？就业好还是创业好？是去 A 学校好还是去 B 学校好？是当律师好还是当医生好？……

这些都是事关重大的选择，特别是当 A 和 B 各有千秋时，做出选择会格外艰难。两难问题经常令我们辗转反侧、绞尽脑汁，随着截止日期的临近，纠结和焦虑的程度会越来越高。

也许你仔细搜集了两个选项的信息，列出了 A 和 B 各自的优势和劣势，也进行了详细的比对，但很可能仍无法做出定夺。

**原因在于，我们把选项和人分离了。**

牛津大学法理学讲席教授鲁丝·张（Ruth Chang）指出，两难选择之所以难，不是因为我们看得不够全面，而是因为"**并不存在最优选项**"。人们通常认为，A 选项和 B 选项之间只有 3 种情况。

♪ A > B（A 优于 B）。

♪ A < B（A 劣于 B）。

♪ A = B（A 等于 B）。

但这只是一种对"价值"的草率设想。试想，假如 A 选项本身比 B 选项本身好，那么所有人都应该做出读博、就业、去 A 学校、当律师的选择，因为这才是唯一正确且合理的。

但是，价值的世界不等同于物质的世界，A 选项和 B 选项之间还需要引入一个新的维度——同位关系。

"同位"的意思是，选项本身没有哪一个比另一个"好"，它们都在同一价值范畴里，具有可比性和"**不同方面**"的价值，而当事人更在乎的价值方面，才是其进行选择的依据。

我们在只聚焦于选项本身时，就会不断从外界寻找依据，而忽略了"是谁"在做选择。尽管我们很反感两难选择所带来的纠结，但正是这些艰难且重大的抉择，给了我们自主选择人生道路的自由，使我们成为自己想成为的人，而非随波逐流。

因此，与其问 A 好在哪里、B 坏在哪里、到底是 A 还是 B，不妨问一问自己：5 年后我想有怎样的经历？ 10 年后我想过什么样的生活？ 20 年后我想成为怎样的人？

之前你已经在价值罗盘中对自己最看重的价值维度进行了排序，而**这种排序正是你此刻做出选择的依据**。

虽然了解了依据所在，但两难选择很可能会依然"难下去"，因为当选择 A 时，你也会考虑到牺牲了 B 的价值方面，而失去的痛苦或许比得到的快乐更刻骨铭心。

但请别忘了，你在价值罗盘中依次去掉了自己最看重的一些价值维度，只保留了 3 个价值维度，这意味着你明确了自己的底线，发现了哪些价值是自己必须守护的。

在此我唯一想强调的是：**没有一条路无风无浪，不要因为逃避而做出选择；依据你看重的价值做出选择，那样才是无悔的。**

## ◖ 忽略该忽略的和重视该重视的，同等重要

我们每个人的时间、精力、资源都是有限的，这意味着我们在聚焦于重要问题或"问题之王"的同时，还要"有所为，有所不为"，**主动放弃**对一些问题的纠结，敢于对问题说"No"。

一位女士因为刚买的丝袜有个线头，找到销售人员理论，最后理论演变成无休止地讲道理，导致她延误了当天中午的飞机，错过了当晚的一个论坛。

一位销售经理第二天要参加一个产品发布仪式，他本计划在晚上准备第二天的发言，但同事邀请他参加晚上的部门聚会，他不仅参加了，还喝了很多酒，导致第二天的仪式现场气氛非常尴尬。

一位新员工因为在工作中出现了一个小小的失误，始终无法原谅自己，开始自我怀疑、自我否定，失去了在职场上的自信。

一对新婚夫妻在为婚房购置家具时，发现忘了带一张 20 元的购物券。他们因为争论是谁忘带而发生了争吵，其间说了许多

伤害彼此的话，恨不得立刻去办理离婚手续，忘记了为什么来家具城。

一位先生送妻子上班，两人因为在一个路口该往左拐还是往右拐的问题，发生了激烈的争执，还险些发生安全事故。事实上，两个路线都能到达目的地，且所用的时间几乎一样。

丝袜上的线头，同事的聚会邀请，工作中的小失误，忘带购物券，选择哪条路线……如果面临这些问题的人是你，你会将它们放到紧急重要模型中的哪个象限呢？

赶飞机参加论坛，在产品发布仪式上发言，在职场上拥有自信，与爱人保持亲密的关系，行车安全——这 5 个问题，你又会放到哪个象限呢？

一旦你对第三、第四象限的问题有了高度关注，就容易牺牲对重要问题的管理。事实上，忽略该忽略的和重视该重视的，同等重要。只有敢于放下不重要的问题，我们才能有更多时间和精力，集中解决第一、第二象限的重要问题，释放这些问题背后的重要价值。

在 A 先生遇到的麻烦中，"同事和经理在背后议论自己"的问题与"手术后健康状况差的问题"是否需要被同等重视，是否都是重要问题呢？

同样，输掉了一场游戏，要不要放手？频繁而无目的的社交，要不要放手？别人做错了一件事，要不要放手？自己做错了一件事，要不要放手？有些情况下，放手就意味着解决。

之前你已经在第一、第二象限中找出了优先问题和"问题之王"；现在，你可以尝试划去第三、第四象限中的部分问题，为自己的问题清单做个减法。

到这里，我们可以回顾一下紧急重要模型中不同问题的差异化管理方式。

第一象限的问题是重要紧急问题，需要马上处理，但仍要尽可能平推到第二象限。

第二象限的问题是重要不紧急问题，需要提前规划，尤其要善待。

第三象限的问题是不重要不紧急问题，请尽量放手，"有所不为"。

第四象限的问题是不重要紧急问题，请尽量忽略；如果难以忽略，也可外包，交由他人解决。

# 没有敌人，每个人都是盟友
## ——你的问题"与谁有关"

在问题面前，人们最容易忽略的因素之一就是"人"。大量解决问题的实践证明，与问题有关的人往往就是解决问题的资源，他们的角色、意愿、能力、经验通常会为问题的解决"雪中送炭"。因此，解决问题不是搜索"罪犯"的过程，而是寻找"盟友"的征程。

在这一章中，你将在人际生态图与关系人图的协助下，组建并激活自己的问题解决项目团队。同时，你还将明确自己的双重身份——重要关系人与问题管理者。

# 1　解决问题需要谁：再有能力也不能单打独斗

现在请你回想一下近几天发生的令你印象最深刻的一件事，并尝试在脑海中把当时的情景呈现出来。

此刻，你会想起什么呢？这件事也许是你在工作中取得了某种成就，也许是家人给了你一份惊喜，也许是你进行了一次有纪念意义的尝试，又或许这是令你感到不太愉快的一件事，现在回想起来还有些尴尬或者伤感……

无论这件事具体是什么，此时你脑海中呈现的画面里，是不是都出现了"人"？正是这些人的话语、动作、表情，让你脑海中的画面变得鲜活。

## 看见你的"人际生态"

我们的每段故事，都由人组成，由人演绎。你可能已经洞察到，你的很多次成功都不只是一个人的成功，其中一定有其他人的贡献；当然，你的很多问题不只是一个人的问题，也与他人密切相关。

这里提出是"谁的问题"，问题"和谁有关"，绝不是为了推卸责任，目的只有一个——解决问题。

独立、自强都是可贵的品质，但这不是要求我们在问题面前单打独斗。大量解决问题的实践证明，与问题有关的人，往往就是解决问题的资源，他们的角色、意愿、能力、经验通常会为问题的解决"雪中送炭"。

**要想找到并激活这些资源，我们首先要清点一下自己的生命中到底出现了哪些人。**事实上，你生命中出现的人，特别是每日与你密切接触的人，直接构成了你的"人际生态"，你们互为环境、影响至深。

人际生态就像自然界的生态系统一样，个体与个体之间持续进行着信息、情感、能量等方面的交换与流动。每一个与问题相关的人，都处在一个特定的人际生态中，脱离这一背景谈论问题，就像离开"海洋"谈"一滴水"，很可能会遗失解决问题所需的重要信息和资源。

为了帮助你更好地了解这一点，我设计了一张"人际生态图"。这张看似平平无奇的图，曾帮助许多人在问题面前不再孤军奋战。

上面这张图，出自一位 8 岁的小朋友之手。看到这张人际生态图时，小朋友的父母非常震惊，他们原以为孩子生活的环境很简

单、每天接触的人很少，没想到孩子竟然写出了这么多人，还加上了"手机""小说""游戏"。

孩子的人际关系已经如此复杂，不难想象成人的人际生态规模将是多么庞大。

在阅读上一章时，你已经有了自己的问题清单。现在，请你像清点问题一样，也清点一下你周围的人，看一看你的日常生活、工作中都出现了谁？谁和你的接触最密切？他们对你有着怎样的影响？

请你在下面的圆圈中填入他们的名字，并根据与"我"关系的远近和对"我"影响的大小，由内向外填写，即关系近、影响大的人放在内圈，其他的放在外圈。

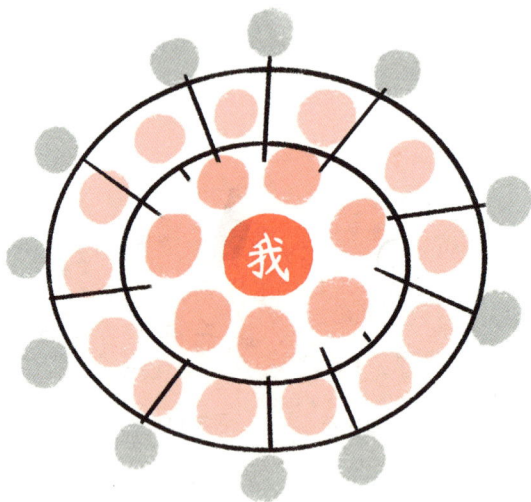

在填写人际生态图时，你可能发现一时间还填不满所有的圆圈，或者图中的圆圈不够用，你还要多画几个。

没关系，请尽可能把与你接触较多、对你影响较大、你在乎的人都填进去，比如你的家人，你的同事，你的客户，你的朋友，你想进一步接触的人，等等。

需要注意的是，人际生态图将随着时间的推移而变化。有的人出现了，后来又渐渐退出了你的生活；有的人也许还没有出现，但终有一天会出现在你未来的人际生态图中。这将是一张动态的人际生态图，每半年更新一次，你就会发现它有不少变化。

## 从我解决问题，到我们解决问题

在 KSME 问题解决课堂上，除了讲企业案例，我也会向高管们讲孩子们的故事。一些孩子的问题案例往往和企业问题一样深刻，也很有说服力。

小 E 今年 8 岁了，是一个非常懂事的孩子。可是我发现，每当我和他的目光接触时，他总会躲躲闪闪，不敢正视我，就连在和我说话时也有一种想要逃避的感觉。他主动提出要跟我聊聊，说自己经常因为被批评而感到难过。他掰着手指给我计算每天被批评的次数和情形。

- 爸爸批评人最狠，一天批评他 1~2 次，让他很难过。
- 姥姥不批评人，但经常冤枉他。他说自己能够理解和原谅姥姥。
- 妈妈总爱唠叨，如果一件事说了 3 遍他还没反应，妈妈就开始批评他，每天至少批评他 1 次。
- 姥爷不错，从来不批评他，但是会强迫他吃东西。如果他不吃，就开始唠叨。

♫ 他在学校的情况如何呢？他说两个同学经常向班主任和各科老师告他的状，班主任和各科老师也会因此批评他。

他每天在家里和学校里被批评 10 多次，一个月则是近 400 次，那一年下来是多少次呢？近 4000 次！这是小 E 自己统计的数据。

**试想一下，如果一位员工每年要面对近 4000 次批评，估计早就辞职了。可是孩子没办法"辞职"。**

家长和老师也致力于解决这个问题，他们经常向小 E 强调："你要自信起来，你要做个自信的孩子，做个真正的男子汉。"可他们却从来没有考虑过自己的行为对孩子的影响，没有意识到问题与自己有关，更没有想过问题还与谁有关。

在人际关系中，他人与我们有必然的关联，我们对他人也有影响力。将这个看似平平无奇的道理应用在解决问题的过程中，往往大费周章。

♫ 一口气裁掉 10 位员工的主管，不认为员工的不负责任与自己分配任务不当有关。

♫ 习惯万事包办的父母不承认孩子的不成熟与自己的过度保护有关。

♫ 忙于工作的丈夫不了解爱人的喋喋不休与自己时常缺乏聆听有关。

♫ 相信"棍棒底下出孝子"的父亲，不了解孩子的不诚实与他对问题的过激反应有关。

> 你怪她没有对你真实，
> 你给她对你真实的力量了吗？
>
> ——《无问西东》

事实上，无论是谁的问题，最终都不能只依赖一个人的力量去解决问题。我们需要做的，就是理解人与人之间深刻的联系，并找出与解决问题相关的人。**在这张新的问题解决地图中，我们将与问题相关的人称为"关系人"。**

对于小 E 来说，问题的关系人是谁？小 E 需要哪些人的支持呢？

↗ 他有怎样的想法，谁能聆听他的心声？

↗ 他有怎样的需求，谁能理解他？

↗ 他有怎样的困难，谁能帮助他？

↗ 他是否感到孤独，谁能陪伴他？

↗ 他是否被老师误会，谁能为他证明？

↗ 他是否失去安全感，谁能为小 E 营造温馨的成长氛围？

一旦找到这些关系人，问题的解决过程就分外明朗了。

## ● 画出关系人图，找到那些被错过的资源

之前你已经完成了人际生态图，直观地呈现了在日常生活、工作中与自己有关的人有哪些。恭喜你，你完成了非常重要的一步。因为解决不同的问题，会有不同的人来支持你，而你将从这张图里找到他们。

接下来，为了解决眼下的具体问题，你需要将图的范围缩小——**准确地锁定解决问题的关系人。**

现在，请回看你选出的"问题之王"。你可以试着这样问自己。

↗ 这是谁的问题？

↗ 谁与这个问题有关？

♫ 谁会受这个问题的影响？

♫ 谁能为解决这个问题提供支持？

♫ 谁是解决这个问题的执行者？

♫ 谁是解决这个问题的负责人？

这些问题极具价值，一旦你思考清楚"谁"的问题，解决问题时就将事半功倍。也许你已经反复思考过这些问题，但关系人图将把你的思考视觉化，助你直观地看到问题中的人以及他们之间的关联。

下面，请你按步骤画出关系人图。

### 1. 第一步：画出问题所有者

请你找一张空白的纸，并在纸的中心画一个圆圈，填入问题所有者的名字。

♫ 如果你解决的是自己的问题，请把你自己放在中心。

♫ 如果你解决的是某个下属的绩效问题，请把这位下属放在中心。

♫ 如果你解决的是孩子的学习问题，请把孩子放在中心。

♫ 如果你解决的是项目问题，请把项目负责人放在中心。

比如在增强小 E 信心的问题中，小 E 是问题所有者，那么就需要把他放在纸的中心。

### 2. 第二步：列出关系人

围绕你确定的问题所有者，以 Ta 为中心，列出其他关系人，并用线把他们连起来。这一步的关键是尽可能把关系人列全。这并不容易，你需要参考之前完成的人际生态图，并不断地追问："再想想，还有谁呢？""我是否遗漏了某位关系人呢？"

如果暂时列不全，以后想到了谁也可以随时补充进去。需要特别提醒的是，**你想解决的问题一定与你有关，请不要忘记把自己也放入关系人图中。**

这是小 E 的问题的关系人图，供你参考。

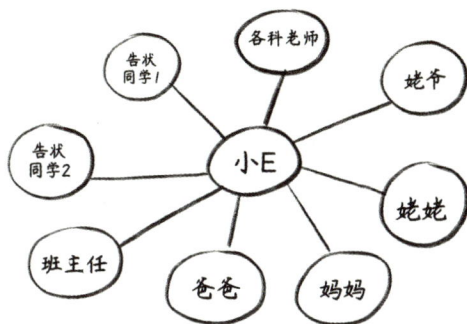

### 3. 第三步：找到重要关系人，并用红色圈出来

重要关系人，就是解决这个问题的关键人物，对他们的识别非常重要。

有的问题在关系人图画好的同时就被解决了。一位销售经理的业绩一直不理想，他尝试着诊断了自己的各个方面：专业能力足够强，沟通能力也很出众，和客户的关系也维护得非常好。问题到底出在哪儿了呢？

当画出这个问题的关系人图后，他恍然大悟。原来他找错了对接人，他一直联系的客户并不是能最终做出采购决定的负责人。这位销售经理借此机会重新梳理了自己的客户清单，并把注意力放在了重要关系人上面，后来他成为公司该季度的销售冠军。

也许你会想，一个有经验的销售经理难道连谁是负责人都搞不清楚？问题就出在这里——**当一个人深陷问题时，他往往看不清问题**，"不识庐山真面目，只缘身在此山中"。因此，无论日常的琐事多么令你忙碌，花点儿时间抬头看路，都是必不可少的。

对于小E的问题，谁是重要关系人呢？起初小E的妈妈认为，姥姥、姥爷是最重要的关系人，因为他们和孩子的接触最多。然而，这样的定位蕴藏危机。姥姥、姥爷只负责孩子的生活起居，而教育的责任一定要由父母承担。需要注意的是，一定是父母"一起"承担，不能有任何一方缺席。

对于小E的问题，他们重新确定了3位重要关系人：爸爸、妈妈和班主任。其中，爸爸和妈妈可以影响姥姥、姥爷，而班主任可以影响各科老师和同学们。

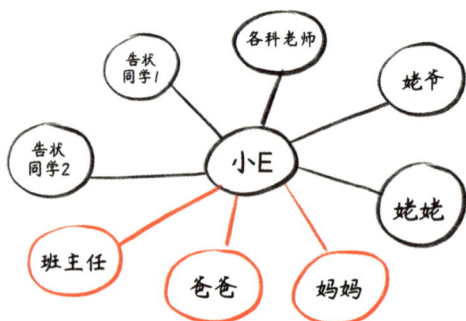

谁是重要关系人呢？一般来讲：

- ↻ 对于孩子的教育问题，父母和老师是重要关系人；
- ↻ 对于家庭幸福，爱人和孩子是重要关系人；
- ↻ 对于夫妻关系，爱人是重要关系人；
- ↻ 对于员工的绩效问题，领导是重要关系人。

谁是重要关系人并没有标准答案，根据具体问题、具体场景的不同会有所差异。现在请你在自己的关系人图中，找到重要关系人，并用红色圈出来。

至此，一张清晰的关系人图已经呈现在你面前，你成功找到了所有与"问题之王"相关的人。

## 明确双重身份：重要关系人与问题管理者

如果你想解决的是自己的问题，比如缺少职业规划、没时间和家人旅游、情绪不稳定……那么在画关系人图时，你已经把自己放在了最中心的位置。因为你明确，如果问题是自己的，你就是这个问题的主人，也是最直接的行动者，你一定对这个问题有较强的掌控感。

但是，如果你想解决的是他人的问题，比如下属的绩效问题、领导的工作安排问题、客户满意度的问题、孩子的教育问题，爱人不理解自己的问题、父母养老的问题……那么你对这种问题的掌控感可能会弱一些。因为你在思索，在面对这种问题时，自己可以做些什么，自己的角色是什么。

列在你问题清单中的问题，无论是谁的，Ta 都一定是你关心的人，或者对你有影响的人。你想解决的问题，一定与你有关。所以，你一定是这个问题的重要关系人，并且你已经出现在了关系人图中。

同时，请你明确一个重要事实，除了作为重要关系人，你在问题面前还有另外一个身份。你不仅是关系人图中某个圆圈里的人，也是正在看着这张关系人图的人——你是问题管理者。

在解决问题时，最为关键、需始终坚持的原则就是，把自己重要关系人的角色和问题管理者的角色真正分开。

如果同事在工作上不积极配合你，你不会想"Ta 是不是针对我，是不是故意刁难我"，作为问题管理者，你会考虑：Ta是不是有什么苦衷？如何与Ta达成共识？如何与Ta建立良好的协作关系？如何解决这个问题？

如果孩子在家里顶撞了你，你不会气恼于"Ta怎么对我说话这么没礼貌"，作为问题管理者，你会考虑：Ta是不是遇到了什么困难？我要怎样帮助Ta礼貌地表达自己？如何陪伴Ta管理自己的情绪？如何解决这个问题？

不同的身份定位很可能会带来迥异的视角、思维、能力、包容度。

对问题管理者来说，一个鲜为人知又令人振奋的秘密是**关系人图中没有敌人，大家都可以成为解决问题的盟友。**

盟友？你或许有些怀疑，毕竟有的问题似乎就是那个人造成的，是Ta恶语相向，是Ta不负责任，是Ta不做出改变，才导致问题无法解决。

当面临亟待解决的问题时，人们往往会像搜查"罪犯"一样，试图揪出责任人，纠正其所犯的错误并对其进行惩戒，可结果往往适得其反。

人们下意识地扮演裁判或法官的角色，不但会使解决过程难以推进，还会造成关系人之间相互推诿、关系恶化。

实际上，此刻在你关系人图中的人都可以成为解决"问题之王"的资源。你把他们画在图中，就意味着你认同他们是与问题深度关联的，是对问题的产生和发展有影响的。

这也意味着，他们每个人都能给你提供不同方式、不同程度的支持，助力你创造性地解决问题，找到最有价值的方案。在之后的第7章中，你将更深刻地洞察到这一点。

因此，作为问题管理者，你应时刻提醒自己：**解决问题不是搜索"罪犯"的过程，而是寻找盟友的征程。**

作为问题管理者，你还应明确每一位盟友在问题解决过程中需要扮演的角色。一般情况下，你需要找到以下角色。

- ♪ 问题所有者——需要冲锋陷阵的人。
- ♪ 谋士——有能力为问题管理者给予指导的人。
- ♪ 标杆——值得学习、借鉴的人。
- ♪ 支持者——需要提供支持和帮助的人。
- ♪ 相关者——需要参与配合行动的人。

现在，你可以将上面的角色对应自己的"问题之王"，思考一下：摆在你面前的关系人图中，谁有可能是助你解决问题的"谋士"？谁解决过类似的问题，或许能为你提供有价值的经验？谁可以带给你有力的支持，如配合你的行动、营造解决问题所需的氛围？

这样看来，其实所有在关系人图中出现的人都将为解决问题做出贡献，而此刻呈现在你面前的，就是你的**"问题解决项目团队"**。

作为问题管理者，问题解决项目团队是你需要把握的一个新概念。实际上，**这个团队既可以是真实存在的，也可以是虚拟的**。比如，当你解决企业团队或自己家庭的问题时，大多数关系人都知道自己的角色定位是什么，你们构成了一个分工明确的团队，一起解决一个共识之下的问题。

而在有些情况下，关系人并不一定知道他正处于一个问题解决项目团队中。比如你的"谋士"或"标杆"，他们不必坐下来开会，讨论怎么解决问题，他们甚至不知道你正试图解决一个问题。

但作为问题管理者，你能把握全局，你深刻地了解这个团队的功能是解决哪一个具体问题，你有能力把这些关系人纳入你的虚拟团队中，并带领他们为解决问题贡献独特的价值。

你需要经常思考的是，我的团队为什么存在？我们为何聚在一起？我们怎样才能朝着同一个方向前进？

---

## 2　推动问题解决的不是权威，而是关系

在以往解决问题的过程中，你或许也考虑过关系人的重要性，你成功地找到了他们，可仍产生了一些困惑。

⤴　我感觉只有自己一个人在解决问题，他们怎么一点儿都不着急？

⤴　我该说的都说了，可他们根本不听。

⤴　我该做的都做了，可问题还是解决不了。

⤴　他们不认为这是他们的问题，根本不配合我。

⤴　他们没有解决问题的正确态度，根本不想与我沟通。

为什么明明找到了潜在的盟友，他们近在咫尺，可自己仍感觉在孤军奋战？为什么明明组建了自己的问题解决项目团队，但解决问题依然困难重重？问题到底出在哪儿呢？

这涉及解决问题中最常见的问题之一，即**许多人在解决问题时忽略了一个极具影响力的因素——关系。**

### ◑　管理关系：所有问题都是"对事又对人"

你或许经常听到"对事不对人"的说法，解决问题不就是解决

问题吗，强调什么关系？的确，"关系"这个词很容易令人误解，让人联想到拉帮结派、利益往来。但这里所说的关系，是指人与人之间深层的连接。

需要注意的是，不是和对方有物理上的接触就是连接，不是在办公室挨着坐就是连接，不是在一个屋檐下生活就是连接。这里所说的连接是指你们彼此间的理解、共情、信任与协作关系，也就是一种经得起问题的考验、能够在一起解决问题的关系。

此刻，关系人图中的人构成了你的问题解决项目团队。你一定很明确，团队的功能是一起解决问题，释放问题背后的价值。但有的团队（企业、家庭）中的人都足够优秀，却始终无法实现这样的功能，这与系统论中的一个公式有关：

$$S=\{E,\ R\}$$

系统（System, S）是由要素（Element, E）和关系（Relation, R）组成的集合。其中，要素间的关系产生了系统的结构，结构直接决定了系统的功能。简而言之，关系决定结构，结构决定功能。

几年前我在海南旅游时发现，买散装珍珠的人很少，但是由大小和品相都与之相当的珍珠组成的项链却非常抢手，而从散装珍珠到珍珠项链的重要一步就是多了一根线。

恰恰是这根线改变了珍珠之间的"关系"，使它们组成了一个系统，强化了单个珍珠的佩戴使用价值和收藏价值。同样的珍珠可以组成不同样式的项链，也可以组成精致的手链，实现不同的系统功能，而这一切都源于珍珠间"关系"的改变。

大量解决问题的实践证明，几乎每一个问题都离不开关系，很多情况下我们需要先解决关系，再解决问题。

在跨部门协作时，我们可能会想：按流程，Ta 理应配合我，Ta 凭什么拒绝协作？在家庭中，我们可能会想：按辈分，Ta 理应听我的，但 Ta 怎么就一意孤行？

人非机器，被输入了指令就能按部就班地执行，人有自己独特的感受、丰富的思想，这导致**推动问题解决的往往不是权威，而是关系**。

在 KSME 问题解决课堂上，我经常反复提示大家：**敬畏关系**，无论对方是你的员工、你的孩子、你的爱人，还是陌生人。然而关系问题在很多企业、家庭中并没有得到足够的重视，特别是在棘手的实际问题面前，关系很容易被忽略。

一位领导为了推进项目，开会时当众责骂了两位骨干员工，试图用这种方式来激励员工提高效率。可此后，这两位员工总是回避与领导正面沟通，项目不仅没有提前完成，还一拖再拖。

一位父亲为了让孩子学会珍惜粮食，只要孩子在吃饭时掉了一粒米，就用筷子打一下孩子的手。于是孩子每次上桌吃饭都战战兢兢，经常边哭边吃，在身体发育期开始厌食。

只顾解决问题，而不关注人的感受、人的意愿，是解决问题最常见的误区之一。换言之，我们用问题打败了关系。

**也许问题暂时得到了解决，但受伤的关系会带来一系列负面效**

**应和长期影响**，使问题越解决越多，越解决越棘手，由此陷入恶性循环。

我曾见过由能力非常出众的个人组成的项目团队，因相互猜疑而濒临解散；也曾见过由所谓的"非精英人士"组成的团队，因彼此理解、相互信任、充分协作，创造了令人惊叹的业绩。

我也曾无数次见过，家庭中的每位成员都很优秀，都取得过杰出的个人成就，却无法在同一屋檐下幸福地生活。他们是优秀的"散点"，但彼此间没有连接，也就很难实现家庭的功能，如爱的功能、教育的功能、健康的功能、快乐的功能……

不妨回顾一下自己过去的经历，你在学生时代是否处在一个令你怀念的班级中？在工作时期，你是否加入过一个非常优秀的团队？这些组织有怎样的特点呢？是不是大家相处得非常和谐、配合默契、彼此成就？在这样的组织中，你是不是更愿意做出贡献，也能更好地发挥自己的优势？

**关系以一种深刻的方式影响着人的行为**。大量解决问题的实践证明，改变一个人的行为很难，但是你可以通过改变你和他之间的关系，进而影响他的行为——这就是关系的影响力。

## ● 为关系做个"体检"，提前发现"危险关系"

现在，你已经找到了能够和你一起解决"问题之王"的盟友。接下来，在富有挑战的问题面前，你打算怎样运用关系的力量，来激活你的问题解决项目团队呢？

我们每个人都处在复杂的人际关系网络中。当关系良好时，你也许不会有太多的感觉，认为本就应该如此。就像人的身体一样，当身体很健康时，你容易忘记身体的存在，认为拥有健康的身体是理所当然的。

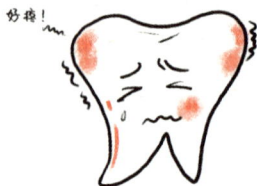

然而当你牙疼时，你的注意力就会集中在牙齿上；胃痛时，注意力又会放到胃上。也就是说，只有当哪里不舒服时，相应的身体部位才会引起你的注意。

我们对待关系也有与之类似之处。**某段关系只有在出现问题、令你产生"疼痛感"时，才会进入你的视野**；不出现问题，你就不去理会、不去善待，甚至想都不去想。但这样做，问题可能会令你应接不暇。你将辛苦地忙于应付，也容易错失关系原本能带给你的重要价值。如果平日里我们就习惯性地保护关系，将能避免许多严重关系问题的出现。

要想评估某段关系的质量如何，既不能依靠直觉，也不能依靠身份，比如"我是 Ta 的父亲，我们的关系还能不好吗？"作为问题管理者，你需要通过"行为"来评估关系。

有的夫妻好像关系还可以，但是不能提孩子的教育问题，一提就吵；有的同事能在一起把酒言欢，但却不能提工作中的反馈意见，一提就无法协作。也就是说，这些关系无法触及核心问题。

然而，好的关系恰恰是能在困难中给予双方支撑的关系，是能让双方一起历经问题的考验、在一起解决问题的关系。

现在，请回顾一下你画出的关系人图，尝试为图中的关系做一个"体检"，看一看你与重要关系人的关系质量如何。

请你利用"关系体检表"。按照左侧的"体检"项目，用 1~5 分为你与各重要关系人的关系打分。比如：你认为对方和你的共同话题非常多，就打 4~5 分；几乎没有共同话题，就打 1~2 分，依此类推。由于篇幅限制，我在这里只列了 3 位重要关系人，你也可以根据需求增加。

## 关系体检表

| "体检"项目 | 重要关系人 1 | 重要关系人 2 | 重要关系人 3 |
|---|---|---|---|
| 你愿意和 Ta 接触吗？ | | | |
| Ta 愿意和你接触吗？ | | | |
| 你和 Ta 在一起时有安全感吗？ | | | |
| Ta 和你在一起时有安全感吗？ | | | |
| Ta 和你在一起时笑容多吗？ | | | |
| 你们在一起时共同话题多吗？ | | | |
| Ta 和你沟通时，话题深入吗？ | | | |
| 你们之间容易达成共识吗？ | | | |
| Ta 在有困难时愿意向你寻求帮助吗？ | | | |
| 你相信自己能得到 Ta 的理解和支持吗？ | | | |
| 你了解 Ta 的优点吗？ | | | |
| 你能包容 Ta 的缺点吗？ | | | |
| 你能原谅 Ta 的错误吗？ | | | |
| 你愿意成就 Ta 吗？ | | | |
| 你相信你们的关系会长久吗？ | | | |
| 分数合计 | | | |

在打分的过程中，相信你已经对你们的关系心中有数了。你也可以换位思考一下，如果是 Ta 来打分，会是怎样的结果呢？

现在，请你把每项"体检"项目的分数相加，计算出每段关系的得分。

你可能发现有的关系得分很高，恭喜你，这说明你在过去很好地维护了这段重要关系，而关系中的 Ta 将成为你解决问题时"给力"的盟友！

你也可能发现，有些关系的得分比较低。别担心，这只是意味着过去的你忽略了对这段关系的管理，好在你提前发现了隐患，没有等问题变得更严重时才注意到它。

关系中，"通则不痛，痛则不通"。接下来，你将重新善待和优化关系——所有问题都将是你的机会。


## ◐ 关系卡在哪了？看见 Ta 真正的需求

现在，你不仅发现了关系的力量，还详细评估了自己拥有的重要关系。下一步，你计划如何优化这些重要关系，运用问题解决项目团队的合力来解决"问题之王"呢？

关系看不见、摸不着，很多人都认为它是虚无缥缈的存在，也有不少人认为自己在关系中有无力感。

实际上，人与人的关系并没有那么深不可测。只要你掌握了关系的规律，并真诚善待重要关系、以心换心，很快你的身边就会围绕着你信赖和信赖你的人。

当你在说某段关系不好时，关系中的另一方或许也有相似的想法。这是因为关系中力的作用是相互的，一段不好的关系伤害的往往不是一个人。

**因此，如果你想修复一段不好的关系，请相信，对方也愿意修复。**

每个人都需要良好的关系，都需要和谐的关系网络。我在聆听大家的问题时也越来越能发现，几乎每个人的内心深处都是善良而柔软的，只是平时被层层包裹着。那些看似冷漠、强势、高傲的人，也渴望着美好的关系，期待着可感知的爱与关怀。每个人都想拥有良好的关系，可为什么它在很多时候都可望不可即呢？

马斯洛需求层次

著名的马斯洛需求层次理论，将人的需求分为 5 个层次。在看上面这张图时，你想到了什么呢？

你可能会想："没错！我首先需要吃饱穿暖，然后需要充足的安全感，接着，我还需要有自己的社交圈以及得到他人的尊重，最后，我要自我实现——实现自己的理想和抱负！"

多数人在看到这张图时，都是这样思考的。但这意味着，在大部分时间里，在大多数情境下，我们关心的是自己的需求，也就是自己期待从关系中得到什么，比如：

♪ 在领导与下属的关系中，领导期待下属好好干，期待下属尊重自己，期待下属安心工作、不要"跳槽"；

♂ 在员工与领导的关系中，员工期待领导赏识自己、提拔自己，多给自己好机会；

♂ 在亲子关系中，家长期待孩子孝顺自己、懂得感恩，期待孩子学习努力、懂事听话；

♂ 在亲密关系中，伴侣期待爱人无条件地爱自己、尊重自己，期待爱人工作上进，也期待爱人更顾家。

这是人之常情，因为关注自己的需求是人的本能，**而看到别人有和自己一样的需求，却是一种后天的能力。**

也许关系中的 Ta 也有相同的期待，都希望另一方的做法符合自己的预期，一旦与预期不符，就会对关系深感不满。

有句话值得我们反复体会："**我们很难看到真相，因为我们只能看到与自己相关的东西。**"但是，作为问题管理者，你需要真相，为了激活你的问题解决项目团队，你需要超越自己的立场，去了解关系中的 Ta 的需求是什么。

很多人认为，我自己招的员工，我还不够了解吗？做夫妻十几年了，我还不够懂 Ta 吗？我的孩子，我比 Ta 自己都更了解 Ta。事实上，想要真正了解一个人非常不易，每个人的经历、处境、心智往往差异巨大，而了解一个人恰恰是解决关系问题的起点。

> 你永远也不可能真正了解一个人，
> 除非你穿上他的鞋子走来走去，站在他的角度考虑问题。
> ——哈珀·李（Harper Lee）

在每次的 KSME 问题解决课堂上，我都会请学员以小组的形式讨论各个角色的需求，大家的讨论结果基本上是这样的。

↗ 孩子的需求：陪伴、鼓励、学习、玩具、赞美、朋友、兴趣、安慰、呵护、自由、尊重。

↗ 领导的需求：执行、关心、忠诚、欣赏、尊重、业绩、支持、信任、理解、补位、认同。

↗ 员工的需求：认可、尊重、支持、理解、包容、指导、激励、职业安全感、发展空间、信任。

↗ 爱人的需求：爱、包容、理解、分担、赞美、陪伴、支持、关心、忠诚、顾家、呵护、尊重。

每个小组完成讨论后，都有一个共同的发现——尽管角色差异巨大，但人的需求却如此相似。原来大家对物质的需求，并没有想象中的那么多，更多的需求集中在精神层面。

你是不是也发现了这样的规律：**伤害关系的往往不是物质，而是一句话、一个动作、一个表情、一个眼神。**

这解释了社会生活中的很多现象：高薪企业也有员工流失，富裕的家庭也有打不清的"官司"；相反，很多团队在最艰难的时候凝聚力最强，一些清贫的家庭其乐融融……

现在，请你把目光再次放回前文的马斯洛需求层次理论。但这一次，请你努力超越自己的立场、自己的身份，站在重要关系人的角度，重新思考一下 Ta 的需求。

### 1. 生理需求

这是人类维持自身生存的最基本需求，包括衣食住行等。只有当这一层次的需求得到满足，人才会寻求满足下一个层次的需求。

如果你想解决的是提升员工工作积极性的问题，那么你是否关注了 Ta 的健康状况？他自己或家人的健康状况是否令他感到无助？如果你想解决的是自己容易犯困的问题，那么你是否关注了早餐的营养？有的人为了赶时间或保持身材不吃早餐，或只吃几片饼干，但学习／工作时，大脑是最耗能的器官，这样的饮食习惯会令你无法专注。

### 2. 安全需求

这是人类保障自身安全和财产安全方面的需求。职业发展的空间、财产安全的保障、家庭的氛围都属于这个层次。需要注意的是，伴侣间的频繁争吵、家长对孩子的过度管理、不经意间的玩笑式"威胁"，都会削弱他人的安全感。

只有这个层次的需求得到满足，人们才会寻求满足下一个层次的需求——归属需求。

### 3. 归属需求

这是一个人与其他人建立感情联系的需求。每个人都需要与家人、伙伴、同事保持融洽的关系，人人都希望得到爱，也希望爱他人；每个人都有一种归属于某一群体的感情，希望成为群体中的一员，与其他成员相互关心和照顾。

孩子想在放学后跟其他小朋友一起玩，爱人想在周末与好朋友参加聚会，员工期待举办一场拓展活动……都是在表达归属需求。

虽然你给他们的爱与关怀足够多，但你仍需理解他们对其他共同体的归属感，保留他们的社交空间。当这个层次的需求得到满足后，人们就会寻求满足下一个层次的需求——尊重需求。

### 4. 尊重需求

这个层次的需求，是许多人都得不到满足的。关系中的很多伤害，也往往发生在这个层次。需要重点区分的是，爱和尊重是两码事。

很多父母说为了孩子自己做什么都愿意，许多人表示自己深爱着自己的另一半，很多领导承认十分满意自己的员工……但在他们的关系中，"尊重"这个关键的高层次需求却缺席了。

尊重意味着平等、开放地对待对方，**意味着承认对方不是客体，而是与你一样的主体**。尊重的具体行为包括：承认 Ta 和你一样有高层次的需求，重视 Ta 切身的感受，不轻易给 Ta 提建议，不把想法强加给 Ta，不轻视 Ta 的热爱，不小看 Ta 的未来……

尊重不是技巧，也不仅是礼貌，而是一种发自内心的信念。在以往的问题解决实践中，我曾陪伴企业高管、基层员工、学校校长、家长、学生等解决过许多棘手问题，这些人中也包括一些小学、初中的孩子。

我不是儿童教育专家，但每个孩子在与我沟通时都愿意主动敞开心扉。因为我从不认为自己在和一位小朋友沟通——当 Ta 坐在对面向我倾诉问题时，在我心目中，Ta 和一位集团总经理是完全一样的。

我不会用和小朋友打招呼的语气与他们沟通，也不会自恃"专家"身份轻易提出建议，而是全程用成人的方式与他们对话。当深入地了解每个孩子后，我发现他们的内心世界都非常丰富——不仅有自己看待问题的方式，也有独特的解决方案，值得我们尊重。

尊重需求一旦得到满足，个体就会对自己充满信心、对社会充满热情，体会到自己存在的价值，也就会向上寻求最高层次的需求——自我实现需求的满足。

### 5. 自我实现需求

这是人最高层次的需求，是指个人将能力发挥到最大限度，实现自己的理想、抱负，完成与自己的能力相称的一切事情。

事实上，人人都渴望自我实现，拥有精彩的人生，但人只有在生理、安全、归属和尊重需求得到满足的前提下，才有余力和意愿去追逐自我实现。

一个人在抱怨自己的员工缺乏工作动力、自己的爱人没有更高的追求、孩子没有远大的理想时，**是否考虑过自己曾为他们前四项需求的满足做过什么？**

♪ 你曾让 Ta 身心更健康、精力更充沛吗？

♪ 你曾为 Ta 提供家庭 / 职场中的安全感吗？

♪ 你曾为 Ta 营造自己的空间、找到真心朋友吗？

♪ 你曾在语言和行为上尊重 Ta，与 Ta 平等相处吗？

自我实现体现在各种小事中。当员工因项目有了一点儿进展向你汇报时，当父母做了一桌子饭菜问你好不好吃时，当孩子画好了一张画拿给你看时，他们正期待着自己的成就能被你及时看见——这是日常生活中的自我实现。

更大的自我实现还包括对人生价值与意义的追求。大众媒体、励志书籍经常会问我们："你的梦想是什么？"考虑自己的梦想、关注自己的价值是我们的日常。**但你是否了解重要关系人的梦想？**比如，你的爱人、父母、孩子、同事、客户的梦想是什么呢？你为他们的自我实现提供过哪些支持呢？

现在你已经了解了一个人的需求层次大致有哪些，实际上每个层次都可以进一步展开，分成多个可在生活中落地的具体需求。你不妨回顾一下自己的"关系体检表"，如果有的关系得分较低，你可以了解对应的 Ta 在关系中的具体需求。

请你在下方的"关系人需求表"中，为"我实际给 Ta 的"的项目打"√"（多选）；之后选取 5 个"我认为 Ta 需要的"项目并打"√"；最后，请 Ta 本人选取 5 个"Ta 自己需要的"项目并打"√"（如果对方是你的合作伙伴或客户，不方便直接填写，你也可以通过观察、交流来大致了解 Ta 的需求）。

## 关系人需求表

| 项目 | 我实际给 Ta 的 | 我认为 Ta 需要的 | Ta 认为自己需要的 |
|---|---|---|---|
| 美食 | | | |
| 执行 | | | |
| 机会 | | | |
| 成就 | | | |
| 聆听 | | | |
| 理解 | | | |
| 鼓励 | | | |
| 尊重 | | | |
| 自由 | | | |
| 赞美 | | | |
| 陪伴 | | | |
| 包容 | | | |
| 感谢 | | | |
| 信任 | | | |
| 忠诚 | | | |
| 分担 | | | |
| 追随 | | | |
| 支持 | | | |
| 指导 | | | |

在完成这张表并比对了右侧 3 列内容后，你可能会发现：你曾给 Ta 的不一定是 Ta 真正需要的，而 Ta 最需要的却被你不小心忽

略了。

一位母亲非常爱自己的孩子和丈夫，每天用 6 种油为家人做美食，还坚持煎牛排为家人补充营养。可孩子和爱人却并不领情，因为她经常不留情面地斥责、抱怨和评判家人。完成关系人需求表后她才发现，原来家人最需要的不是牛排，而是被她尊重、被她欣赏、被她信任。

**也许 Ta 曾给你的不是你真正看重的，就像你不了解 Ta 最需要的是什么一样——但你们都关怀着彼此，为巩固这段关系付出了很多。**

接下来，你可以为更新这段关系创造一个机会，和你的重要关系人深入聊一聊彼此的需求，看看围绕这些需求你们可以做点儿什么，也可以借此敞开心扉，表达对彼此真挚的感谢。

在这次对话中，你有怎样的收获或感想呢？不妨及时记录下来——这将见证你们更美好关系的开始。

现在你已经揭开了关系的秘密，完成了对关系的"体检"，也了解了关系的力量。作为问题管理者，你将在第 7 章收获解决关系问题的独特方案，并在第 8 章通过行动计划为关系人进行分工。关系人的积极协作与配合，将成为你解决"问题之王"的关键力量。

# 5

第 **5** 章

# 像拆玩具一样拆开你的问题
## ——答案就藏在你的描述里

问题 =| 现状 – 目标 |，因此看清现状是解决问题的核心步骤。然而，人们往往习惯于用高度概括的观点描述问题，这将使人们对问题的了解止于表面，难以找到解决问题的突破口。

在这一章，你将在轻松的互动中区分事实与观点，撕掉因高度概括而产生的负面标签，并为"问题之王"拍一张"X光片"：把问题横向展开、进行量化——让真正的问题浮出水面。

# 1 小心，别把观点当事实

在第 3 章，你已经从问题清单中找到了自己的"问题之王"——一个最重要、你最想解决、牵一发而动全身的问题。

现在请你在下方的横线上把这个"问题之王"描述出来，写一写这个问题是怎么回事，问题里有谁，这个人怎么样。

当你完成后，请先把这份描述保留在这里，一会儿你就会用到它。

## 从描述你的问题开始，走出"观点陷阱"

在 KSME 问题解决课堂上，项目经理 Z 先生这样描述自己的"问题之王"：

我最想解决的问题就是经常加班。由于工作量很大，我不得不经常加班，每天从早忙到晚，怎么做也做不完。领导安排的任务很多，部门的会议很多，自己的本职工作都做不完，还要完成领导安排的紧急工作。

集团总是突然要报表，要的还特别急。最不能忍受的是，我还要参加集团组织的培训，不能请假。客户的事情也不能耽误。我每天非常晚才回家，感觉很疲惫……

他翻来覆去地说了20多分钟，语气中有不满、失落、无奈。说完，他马上补充了一句："说了也没用，这个问题根本'无解'。"

Z 先生讲了很多，表面上是在描述问题，但仔细观察过后你会发现，他的每一项描述都是模糊的——都只是在说明"自己很忙"。

如果你是他的领导，你能通过他的描述清晰地了解他的工作吗？如果你是这个问题的管理者，你能根据这些信息解决问题吗？

聊天中，"很多""特别急""非常忙""总是""一直"等描述反复出现。如果我们身体不适去医院，医生不会只根据患者的观点（很疼、十分难受、总是不舒服）直接开药，而是会让我们先去做检查，然后根据影像、诊断报告来解决问题。

这是因为要想解决问题，我们需要在事实层面描述现状，而不是基于个人观点形容现状。

当一个人的说法被认为是"观点"而不是"事实"时，他往往不服气，因为他笃定自己说的都是真实的，没有半点儿虚假。

他以为没有说谎就等于说出了事实，以为自己的真实想法就是事实，以为自己看到的就是事实，以为他所信任的人说的就是事实。

人们很容易把观点当成事实，或者把观点和事实混为一谈。实际上，我们需要将它们彻底地区分开。作为问题管理者，提取事实信息是解决问题的关键步骤，这将为稍后细化现状、量化现状的工作做好准备。

在进一步了解观点和事实的区别前，你可以先做一个"找事实"的游戏。请你拿出一支彩笔，在下面的方框中圈出描述的是"事实"，而不是"观点"的句子。

工作不认真　报告里的数据是上个月的，没有更新

部门会议很多　部门每周开 4 次会议，每次 1 小时以上

经常迟到　工作效率太低　报告用了 5 天才完成　这周迟到了 3 次

他身材很好　每天工作 12 小时　客户满意度很低　今天的气温为 29℃

他身高 185 厘米，体重 70 千克　他不关心我　他忘记了我的生日　今天很热

客户满意度调查得分为 6 分　房子很大　房屋面积为 100 米$^2$

经常加班　员工流失率特别高　学习成绩变差

员工流失率为 25%　4 个月内，成绩从 550 分降到 450 分

你圈出了哪些句子呢？在做这个游戏时，许多人认为"经常迟到"是事实，直到看到了"这周迟到了 3 次"的描述；很多人认为"客户满意度很低"是事实，直到发现"客户满意度调查得分为 6 分"的描述。

这些描述都是从 KSME 问题解决课堂上大家的反馈里提取的。在下面这张表中，你可以更直观地看到观点和事实之间的区别：左列的都是文字表达，右列的几乎都包含数据；左列的都没法儿验证对错，右列的可以验证对错；左列的都是个人观点，右列的都是客观事实。

## 观点与事实描述表

| 观点 | 事实 |
|------|------|
| 经常迟到 | 这周迟到了 3 次 |
| 工作不认真 | 报告里的数据是上个月的，没有更新 |
| 经常加班 | 每天工作 12 小时 |
| 他不关心我 | 他忘记了我的生日 |
| 工作效率太低 | 报告用了 5 天才完成 |
| 部门会议很多 | 部门每周开 4 次会议，每次 1 小时以上 |
| 今天很热 | 今天的气温为 29℃ |
| 他身材很好 | 他身高 185 厘米，体重 70 千克 |
| 员工流失率特别高 | 员工流失率为 25% |
| 学习成绩变差 | 4 个月内，学习成绩从 550 分降到 450 分 |
| 客户满意度很低 | 客户满意度调查得分为 6 分 |
| 房子很大 | 房屋面积为 100 米 $^2$ |

那么，到底什么是观点呢？

观点是对人、对事、对问题的看法、判断、评价。观点受到个人立场、价值观、信念、态度、情感、知识、经验、判断能力、所处环境的深刻影响，较主观。对待同一事物，不同的人很可能有不同的观点，100 个人有 100 个观点也是有可能的。

这也就意味着，如果我们在观点层面描述一个具体问题，很容易引起争议。

比如你说："今天有点儿热。"可能对方会说："热？我还觉得有点儿冷呢。"这里的"热"和"冷"，其实并不是指天气本身，而是自己的感受。

不同的人对温度变化的敏感程度不同，因此感受也不尽相同。

同样，菜是咸还是淡，吃得多还是少，人帅还是不帅、优秀还是不优秀，都属于观点层面的描述。

那什么是事实呢？

事实是指客观事物的真实情形。比如你的住房面积为 100 米$^2$，这是精准测量过的实际面积，无论谁去测量结果都是这样。但如果有人说，这个房间"很大"，或者这个房间"很小"，这样的描述就变成了观点。

**事实可以被证实或证伪，足以改变他人的观点，容易让人达成共识，因此影响力很强；观点因人而异，几乎无法证明对错，影响力相对较弱。**

我在许许多多问题的解决过程中，发现这样一个规律：一个人在描述事实时，容易进入理性沉思的状态；而在描述观点时容易引发情绪，会夸大或弱化某些事实。

因此当对方在问题面前非常感性、情绪化时，我通常会引导 Ta 描述一些事实，这样 Ta 很快就会自然地调整过来，重归平静。

举个例子，当描述中出现下列词语时，这个描述很可能是观点，而非事实。

> ♫ 价值判断：应该、不应该、勤快、懒惰、悠闲、忙碌、好、坏、美、丑。
> ♫ 表示程度：最、很、十分、非常、经常、往往、总是。
> ♫ 表示感受：讨厌、喜爱、忙、闲、冷、热、咸、淡。

不过请别误解，观点与感性并不是多余的，它们在问题解决过程中非常有用。只是在了解问题、分析现状这一环节，我们需要暂时使它们"静默"。因为在这一步，我们需要在事实层面客观地拆解问题，就像做严谨的科学实验那样。

**现在，请回顾一下你在本章开头为"问题之王"写下的描述，其中哪些是事实，哪些是观点呢？**

如果你发现自己的描述中掺杂了一些观点，没关系，你可以把观点所对应的事实写在旁边（比如，经常迟到→7天内迟到了3次），当你这样做时，你就已经开始真正拆分自己的问题了。

让我们在具体的生活场景中，再温习一下观点和事实的区别吧。下面是一对夫妻在解决孩子的问题时的对话。**请你一句一句地判断：哪些是观点，哪些是事实？** 如果是事实，就请你在句子后面打"√"。

妻子："你对孩子总是不管不顾，根本没用心管过孩子。孩子这次考试成绩这么差，在全班倒数了，你怎么还是不着急？"

丈夫："孩子始终都是你管，我管的时候你说我管得不对。你是当老师的，连自己的孩子都管不好，我有什么办法？"

妻子："你还怪我？我工作忙，每天回家还要买菜、做饭、操心孩子的学习。你经常出差，好不容易在家，不是办公就是看手机。你为这个家付出了什么？"

丈夫："我不出差行吗？不都是为了这个家吗？我在家的时候不是也干活了吗？洗衣服、拖地、买菜、做饭、洗碗，我也没少干啊！"

妻子："你还提洗衣服，把脏衣服全部扔进洗衣机，都不分类。拖地，是拖地机器人干的。你付出了什么？"

丈夫："你总是挑我的毛病，我怎么做你都不满意。家里3口人，能有多少活儿？你的心态不好，好好调节调节吧。"

妻子："没多少活儿？你天天干试试！孩子这样，我的心态怎么能好？你天天出差不在家，倒是心态好。你根本不关心我，不关心这个家。"

丈夫："你就知道抱怨，就爱发脾气，孩子的情绪这么低落，都是受你的影响。你也应该好好反省一下自己了。"

你看完了，却可能无处下笔——你发现几乎不需要打"√"。

是的，对话里几乎所有的描述都是观点层面的。我在 KSME 问题解决课堂上，常会请学员模拟这段对话。女士扮演妻子，男士扮演丈夫。有的学员还主动提出反串，说这样更容易换位思考。

模拟过程总是很生动，有的人进入了角色，竟然自己换了台词，和对方吵了起来，说恍惚间感到是在和自己的爱人对话。模拟过后，大家都陷入了沉默中。

如果你已经步入婚姻的殿堂，有了忙碌的工作，也在为孩子的问题而烦恼，相信你对这段对话更有感触。请允许我邀请你和你的爱人一起腾出两分钟，读一下这段对话。读完后，不妨和 Ta 共同思考一下：如果我们在观点层面讨论现状，问题是否容易解决？

## 🔴 警惕高度概括：有些问题说着说着就不是问题了

听一听下面这些声音，你是否感到熟悉？

- ↗ Ta 不求上进。
- ↗ Ta 工作能力差。
- ↗ Ta 心态不好。
- ↗ Ta 素质很低。
- ↗ Ta 不配合我的工作。

♫ 我很没毅力。

♫ 我不善于沟通。

♫ 我很情绪化。

♫ 我不够好。

在多年解决问题的过程中，这些声音频繁出现在我耳旁。现在你已经知道，这些都是观点，而非事实。那么观点是怎样得来的呢？

**其实所有的观点都是我们概括而来的，通常是高度概括而来的。**高度概括是一种难得的能力，是大脑在比较和抽象的基础上，把事物的共同特点归结在一起的过程。

在交流思想、介绍情况、陈述观点、发表见解时，为了使对方能够很快了解自己的说话意图、抓住要领，我们需要使用高度概括的描述，达到一语中的、以少胜多的效果。

对问题进行概括并不是一件轻松的事，需要我们进行特别的训练，否则很容易以偏概全。

在日常生活和工作中，我们每个人都在概括，但很多情况下，我们都没有察觉到这一点。这也就意味着，**许多概括不是通过仔细分析、精心斟酌得来的——我们下意识地就完成了一次"高度概括"。**

这样看来，我们的概括似乎显得很随意。殊不知，这种随意的概括为自己、为他人带来了多少伤害，为自己与重要关系人关系的发展、为"问题之王"的解决增加了多少阻碍。

一位女士一直抱怨爱人"很懒"，这是她对爱人的高度概括，但正是这个概括使她很难欣赏自己的丈夫。

我问她这个概括是怎么得来的，有哪些事实能证明。她说，爱人不收拾房间、不做饭、不洗衣服。我问，还有呢？她犹豫了："好像……没别的了。"

我又问她："爱人在家里都做了什么呢？"她说："接孩子上学和放学，陪孩子写作业，陪孩子打球，每天下班后买菜，吃完饭后洗碗。"我问："还有呢？"她又接着说了七八件事。她突然感慨："爱人给我的印象就是'懒'，这个标签贴在他身上好些年了，现在才发现我有点儿冤枉他了。"

同样，前面提到的"Ta 素质很低""Ta 不配合我的工作""我很没毅力""我不够好"这样的高度概括，都可以被我们"重新打开"，找出它们背后对应的事实。

在解决问题时，如果不能准确概括，就先不要概括了。暂时放下对观点的描述，描述事实是我们拆解问题的利器。

## ⬤ "不要为装花生油的瓶子贴上'味极鲜'的标签"

前几天我到一个朋友家做客，朋友热情地做了很多好菜。我到厨房去帮忙时，她正慌乱地寻找着什么，但灶台的火还燃着。

"花生油找不到了！"她焦急地说。我赶紧和她一起在瓶瓶罐罐里寻找，找了一遍没有找到，又找了一遍还是没有找到。

我很奇怪，花生油会放在哪里呢？一番苦找才发现，原来她把自家磨的花生油倒在了贴着"味极鲜"标签的瓶子里，一忙起来就忘了。

明明是花生油，因为被贴上了"味极鲜"的标签，就被当成了酱油。忙着炒菜的人，如果面对贴错标签的食材、辅料，会有多慌乱？

生活中这样的例子不少，也许你认为这样的小错误并无大碍，但如果被贴上标签的是人，会怎样呢？

生活中的许多观点，往往是我们高度概括得来的，当它们不断重复时，这些观点就变成了标签，紧紧贴在人的身上。负面标签不易觉察，但力量非常强大——它为你自己和身边的人设计了一个充满负面评价的牢笼。

当花生油被贴上了"味极鲜"的标签，人们就找不到花生油了；同样，如果你为自己贴上"没毅力""能力差""情绪化"的标签，就找不到自己了。

我在太多的案例中发现：我们正是在通过这些负面标签"虐待"自己，"虐待"与自己最亲近的人。

♪ 我们在为孩子贴上"不求上进"的标签时，就看不到 Ta 可能是一位出色的开拓者，本可以成就一番伟大的事业。

♪ 我们在为员工贴上"心态不好"的标签时，就看不到 Ta 面对的是怎样的困难，不知道 Ta 本是一个阳光的人。

♪ 我们在为陌生人贴上"素质很低"的标签时，就看不到 Ta 做事的原委，让价值判断盖住了事实判断。

♪ 我们在为自己贴上"没毅力"的标签时，就看不到自己曾经的坚持，丢失了有无限可能的自我。

作为问题管理者，如果你为关系人贴上了各种各样的负面标签，你与 Ta 的关系会怎样？如果好几位带着负面标签的关系人在一起解决问题，又将是怎样的场景？

只有先把自己的负面标签撕掉，才有可能渐渐撕掉别人的负面标签。

**其实，每个人的人生都有一个最大的标签，我们每天用它、叫它、重复它，但越是这样，就越意识不到它的存在——这个标签就是我们的名字。**

你可能发现，没有人的名字是杨糟糕、张倒霉、李很丑、王懒惰……这是因为，每一个名字的背后都是一份祝福和希望。

很多父母在知道有新生命存在的那一刻起，就开始努力地翻字典，只为找到一个最美好的字眼送给孩子。因为他们知道名字不仅是代号，还是标签，它将会伴随孩子的一生，被 Ta 遇到的每一个人反复强化。

比如，本书两位作者的名字分别是"顾淑伟"和"奉湘宁"。叫"淑伟"是因为父母希望他们的女儿不仅能成为一位淑女，还能挣脱刻板印象对女性的束缚，在新时代里成就一番伟大的事业；叫"湘宁"是因为父母把代表家乡的"湘"字放到了名字里，希望他们的孩子成为一个不忘来处、宁静致远的人。

有的孩子叫"笑笑""阳阳""欣悦"，这是父母在祝福孩子一生幸福平安；有的孩子叫"国强""红心""家兴"，这是父母希望孩子未来成为一个爱国、爱家的人。

你仔细研究过自己的名字吗？现在，请你重新和它"打个招呼"，同时思考一下，你的家人在这个名字里寄托了怎样的祝福？

请在下面卡片中的横线上工整地写下自己的名字，并"翻译"一下它背后的含义吧！你也可以借此和父母聊一聊这个名字的故事，看一看自己人生中的第一个标签是如何在爱和祝福里诞生的。

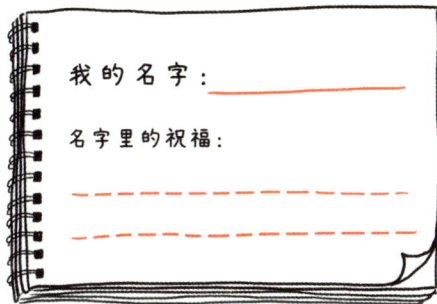

我的名字：_____

名字里的祝福：
- - - - - - - - - - - - - - - -
- - - - - - - - - - - - - - - -

你是否对自己的名字有了新的认知？你打算怎样对待这份满含深情厚谊的祝福呢？如果我们在初到这个世界时，被祝福、赞美围绕，却在成长的日子里为自己贴上了很多负面标签，是不是很可惜？

实际上，只要你决定不给自己贴上负面标签，任何人都无法给你贴上。

作为问题管理者，任何时候、任何情况下都不要否定自己，不要让负面标签束缚我们的手脚。某个行为需要校正、某项能力需要提升，都不是我们否定自己的理由，而是我们可以把握的机会。

## 🔴 盯着你想要的，而非抵抗不想要的

撕掉负面标签并不是一件很容易的事情。你可能也尝试过撕掉它，可它很快又卷土重来。比如你很讨厌自己"不自律""爱发脾

气"的标签，可努力了多年仍无法撕掉它们。如何真正告别这些负面标签呢？不如先来做个实验。

现在，请你听我的指令。

> ↗ 记住！不要想象一头粉色大象！
> ↗ 一定不要去想一头粉色大象穿过丛林！
> ↗ 千万不要去想一头粉色大象走出丛林时，还带着一群小象……

此刻你的脑海中出现了什么？如果有人这样向你发布指令，估计你满脑子都是粉色大象。

这是因为思维的语言在大脑的不同部位产生：其中一部分形成粉色大象的概念；另一部分命令自己"不去想"，形成否定的概念。只有当这两个部分加在一起时，才能形成"不去想粉色大象"的概念，而此时这个概念里必然已经有了"粉色大象"。

当你试图避免想起某件事时，你反而会记住哪一件是你不该去想的事，越控制自己不去想就越容易想，这就是哈佛大学社会心理学家丹尼尔·魏格纳（Daniel Wegner）提出的"白熊效应"。

因此，要想真正告别负面标签，不如顺势而为，**不再去抵抗你"不想要"的东西，而是盯着你"想要"的东西**——为自己和他人贴上正面标签，让新标签自然而然地取代旧标签。

我的"爱学习"的标签是在上小学时被贴上的。我出生在一个非常贫困但重视教育的小山村里，小学的时候我经常考全校第一。每个春节前，校长就会带着老师们敲锣打鼓、挨家挨户为我送奖状，附近两个村子的村民都主动跟着队伍，校长还会亲自为我戴上大红花！

现在很难想象，如此隆重的庆祝活动竟然是为一名小学生举办的。对当时的我来说，这种热烈的庆祝活动为我贴上了一个牢固的标签——"爱学习"，至今它还发挥着作用，无论遇到怎样的挑战，我都能从中汲取勇气和信心。

不久前，一位朋友与我分享了她3岁的儿子上幼儿园的故事。

今天是儿子第一天上幼儿园。儿子最喜欢的是钢铁飞龙队长"炽焰"，一位代表勇敢的宇宙英雄。自从知道炽焰的存在后，儿子就坚定地把自己的小名改为"炽焰"，拒绝我们继续叫他"小鱼儿"。

今天早上入园时，"炽焰"有些不舍，总是回头看，但完全没有哭闹。因为"炽焰"在路上对我讲，他去幼儿园是去做"保护地球"的工作。炽焰保护地球时，是不会带着妈妈的，而是带着自己的队员。所以，没有妈妈陪伴，去幼儿园也是对的啊！

我问他："什么是'保护地球'的工作？"他说："就是保护环境，不破坏环境；帮助别人，不伤害别人；不浪费资源，爱惜水、食物和玩具。"

下午5点我去接他，他很自豪地向我炫耀他的校服，说这是他在幼儿园工作时穿的衣服，还告诉我，已经有大哥哥愿意当他的钢铁飞龙队友"深蓝"。他说这个幼儿园的工作很好玩，他明天还要去。

快到家门口时，我鼓起勇气问了一句："'炽焰'，那你在幼儿园开心地工作时，想爸爸妈妈吗？"没想到儿子立刻回答："想呀，我特别想妈妈，想爸爸，但是我一个人也要好好工作呀！"然后，他仰起头，笑容灿烂地看着我。

我和他默契地击掌，娘儿俩哈哈大笑。但是在我的心里，我在听到儿子的这句回答时早已泪目——小小的他就这样长大了。

无论是对于成人还是孩子，标签的影响都非常深远。标签作为一种自我身份认同，直接作用于人的行为。

既然正面标签如此有力，那我们要如何为自己和他人贴上并贴牢呢？"正向关注"与"欣赏式反馈"是把正面标签贴牢的关键。

假如你努力了多年，想为自己撕掉"不爱笑"的标签，却每天都关注自己"不笑"的时刻，每天都命令自己"不要板着脸"，这就等同于听令于"不要去想粉色大象"，越是想撕掉标签，标签就贴得越牢。

你一定有笑的时候，只是被自己忽略了。如果你放弃聚焦于"不笑"的行为，转而关注"笑"的行为，"笑"会被你不断看见、不断强化，有时他人也会反馈"你非常爱笑"。很快，你就成功地为自己贴上了"爱笑"的标签，同时"不爱笑"的标签就被自然地取代了。

撕掉他人的负面标签也是一样：关注 Ta 出现笑容的时刻，并用欣赏的方式反馈给 Ta，比如对 Ta 说"我发现你最近更爱笑了，你的笑容很动人"。久而久之，对方也就为自己贴上了"爱笑"的标签，你会发现 Ta 笑的频率更高了。

同样的方法，可以用于撕掉"粗心大意"的标签、"固执"的标签、"脾气差"的标签、"不自律"的标签。

♫ 我总是丢三落四。→今天出门时东西都带齐了，这次出行真愉快!

♫ 你真固执。→谢谢你采纳我的建议，你的思维真是灵活!

♫ 还是有两个错别字。→我发现你的准确率提升了，越来越注重对细节的处理，下次你一定会做得更好!

♫ 真懒，才跑了 400 米。→今天下楼跑了一圈？真是很棒的运动习惯，看到你精神抖擞的样子，我都想去跑步了!

总之，要想撕掉负面标签，就要全身心关注"你想要的"，为自己或他人贴上美好的标签。你可以用"越来越""你是怎么做到的""我都想跟着做了"来持续强化美好的行为。

**不过，如果你只把上面的话语等同于一种技巧或话术，而不是发自内心地关注美好的行为 / 品质，再华丽的标签也无法奏效。**

标签奏效的奥秘，在于人与人之间以心换心的情感交流——你的真心才是唯一的密钥。

下方是一张"贴标签"表。此刻，请慎重地想一想你决定为自己贴上哪些美好的标签，并把它们填写在表格左列；之后，请你在重要关系人中选择一位，在表格右列写出你决定为 Ta 贴上的标签。比如，我是一个自律的人，Ta 是一个亲切、和蔼的人。

| "我是一个很棒的人" | "Ta是一个很棒的人" |
|---|---|
| 1 | 1 |
| 2 | 2 |
| 3 | 3 |

像这样，你可以将这张表放在自己每天都能看到的位置，请期待它将为你的生活带来怎样的惊喜吧！

## 2　把问题展开——运用细化与量化的力量

本章开头提到的 Z 先生反复强调"工作量很大"，不加班根本完不成。他说忙的原因是上级领导和集团公司给的紧急任务太多，这些计划外的工作令他分身乏术、焦头烂额……他说了 20 多分钟，好像"紧急任务"是导致他工作繁忙、不得不加班的唯一因素。

在解决问题时，很多人容易像这位 Z 先生一样，抓住一点深挖，以为一直向下挖，就一定能挖出"水"来。

### ◐　别沉醉于"深挖"，展开问题去看全貌

我们经常说"遇到问题要好好分析"，但到底什么是"分析"呢？这个概念对许多人来说并不陌生。"分析"就是把一个整体拆分成较简单的组成部分，找出这些部分的特点和彼此之间的关系。

解决问题不只是纵向"深挖"的过程，更是横向展开的过程。我们只有把问题平铺、拆分，才能把大问题分解成小问题，把复杂问题变成简单问题，才能既看得全面，又看得仔细，并从中找到解决问题的入手点。

这就像我们小时候拆玩具，先把一个大玩具拆成一小块、一小块的，再按照顺序把它们组装起来——答案就藏在这一拆分和重组

的过程里。

在拆分问题方面，每个人都有一定的经验，只是平时没有留意。比如你的手机突然不能使用了，你可能会从 3 个方面考虑。

♪ 是不是手机欠费了？

♪ 是不是软件出了故障？

♪ 是不是手机的硬件坏了？

如果手机欠费，缴费就能解决；如果软件出了故障，或许升级就能解决；如果硬件坏了，就要通过换新手机或者找专业维修人员来解决。

你可能觉得这不足为奇，毕竟连小孩子都可能这样想。但是，对一位很少接触手机的老人来说，没有相关的经验和知识，就无法对问题进行这样的拆分。

如何对现状进行拆分，拆分到什么程度，这些都取决于个人的经验和知识。继续拿手机问题举例，一般的手机使用者一旦定位到 3 个子问题中的一个，就不会继续拆分了，也就是说我们把手机看作一个"整体"。

而维修手机的专业人士，他们有着丰富的经验，可以对手机进行更细致的拆分——拆分成各个功能模块，再拆分成各个元器件，最终找到问题点（也许是其中某个元器件坏了，或者某条连接线路断了），也就找到了真正的问题。

现实生活和工作中的问题，比手机问题复杂得多，而且看清现状本身就是一道难题。这里送给你一个拆分现状的利器——MECE法则，它将帮助你把"问题之王"横向展开，看到其全貌。

MECE，是"Mutually Exclusive Collectively Exhaustive"的缩写，意思是"相互独立，完全穷尽"，是指把问题不重叠、不遗漏地拆分开。

"完全穷尽"相对好理解，就是没有遗漏，全面、周密地列出问题；而"相互独立"是指你拆分的子问题之间不交叉、不重叠，即你的分类是基于同一个标准/维度的。

相互独立，完全穷尽　　　未穷尽　　　不独立

如果你的拆分没有涵盖问题的所有方面，那么最终推演出来的解决方案可能会以偏概全，无法奏效；如果你拆分的子问题彼此重叠，也会造成混乱和重复劳动。

让我们借助几个真实案例，更直观地理解问题的拆分秘诀吧！

### 案例 1：有关"工作很忙"的问题

9 年来，在 KSME 问题解决课堂中，几乎每个学员都说自己工作很忙，经常加班。但很少有人仔细分析过自己在忙些什么，在怎样工作。

很多人认为自己的工作内容又多又杂，根本没法儿拆分。但无数案例证明：只要静下心来，只要真心想做，问题都是可以拆分的。拆分工作的过程很有价值，它将帮助你重新审视自己的时间与忙碌的内容。

下面这张图，出自前面提到的项目经理 Z 先生之手。他首先按照 MECE 法则把自己的工作内容拆分成 3 个方面，然后对每个方面进行第二级拆分。如果需要，他还可以进行第三级拆分，如将

有解 高效解决问题的关键 7 步

"技术工作"这一部分的内容继续细化。

这是一个 100% 真实的案例，稍后我们会再用这张图作为示例进行讲解。

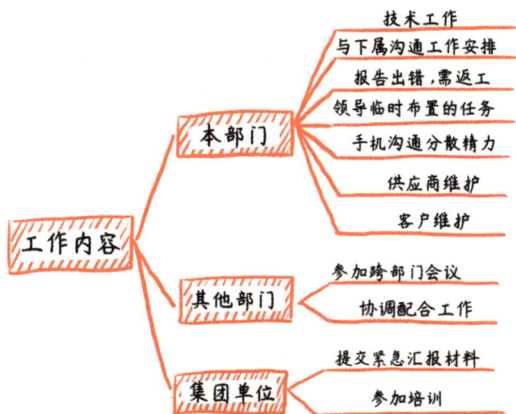

### 案例 2：有关"员工幸福感低"的问题

在一次企业后备管理干部的问题解决课堂上，一个小组把"员工幸福感低"的问题作为研究课题。

这是一个非常大的课题，很有难度，难在对幸福的定义上，难在对现状的拆分上。全组成员都非常投入，他们一起把"员工幸福感低"的现状拆分成了 5 个方面：

- 每天陪家人的时间不足 2 小时；
- 每天开会时长超过 2 小时；
- 每天至少有 4 个事项需要重复反馈；
- 临时性事务每天超过 3 件；
- 工资没有达到理想水平。

他们认为目前让自己感到不幸福的就是这几个方面，**任何一方**

面的问题得到解决，都会提升他们的幸福感。事实上，这种拆分也体现了他们的幸福观。

每个人对幸福的定义不同，分类方式可能千差万别。有的人认为职位越高越幸福，有的人认为有一定的财富积累才能幸福，有的人认为拥有更多自己可支配的时间是幸福，有的人认为帮助别人是幸福，有的人认为得到爱是幸福，有的人认为付出爱是幸福……有的人认为满足以上全部条件才是幸福。

如果面对这个问题的是你，你会如何拆分呢？

### 案例 3：有关"学习成绩越来越差"的问题

不久前，一位中学生和父母来到北京，非常困惑地对我说："我想解决自己学习成绩越来越差的问题，我快要对自己失去信心了。"

你可能发现，这个问题看似具体，其实仍然是模糊的。我引导他描述事实，并根据事实对问题进行拆分。

他一边拆分一边发现：自己这个学期的总成绩下滑了 50 分，主要是数学成绩拖了后腿。

原因是开学时他发烧了，耽误了一周的课程，导致某一章某一节的某 3 个知识点没有掌握，所以很多相关的题目他都做不出来。

明明只是 3 个知识点暂时没有掌握的问题，却被他和父母高度概括为"学习成绩越来越差"的严重问题，由此引发了焦虑。

实际上，我们生活中的许多高度概括都是不严谨的，但它们带来的伤害却非常大。可见，训练有素地细化问题、拆分现状有多么大的价值。

## 给问题拍一张"X 光片"，尽可能量化你的问题

在列出现状时，我们经常能看到这样的描述。

↗ 能力不足。

↗ 凝聚力差。

↗ 态度不积极。

↗ 学习成绩差。

↗ 工作绩效低。

↗ 工作不认真。

↗ 客户黏性弱。

仔细观察这些描述，你发现了什么？它们看似说明了问题，却仍然模糊，这种模糊在于无法定义程度。就像中餐菜谱不容易标准化一样，"盐少许""油少许"，但多少是少许呢？每个人都有自己的标准。

根据问题的定义，即问题 =| 现状 – 目标 |，现状和目标之差的绝对值越大，问题就越大，所以问题管理者的核心任务就是算出差距。

要"算"出差距，我们就不能再只是对问题定性了，而是要像体检那样，无论是血压、血脂、血糖，还是血常规、尿常规……所有检验结果都精准定量。

**因此，把"细化"的问题继续"量化"，是解决问题不能跳过的关键步骤**——一会儿你就能了解它的价值所在了。

每当父母说孩子学习成绩很差时，我都会引导他们描述事实，即各科成绩分别是多少。

↗ 数学 140 分（总分 150 分）。

↗ 语文 70 分（总分 150 分）。

- 地理 60 分（总分 100 分）。
- 英语 50 分（总分 150 分）。
- 物理 17 分（总分 100 分）。

当一个人说家庭的额外支出很高时，我会请 Ta 对各个支出项目进行量化。

- 看电影、玩游戏：200 元 / 月。
- 在外吃饭：2000 元 / 月。
- 孩子外出花销：2000 元 / 月。
- 朋友聚会 / 随礼：2500 元 / 月。

当一个人说没有属于自己的时间时，我会请 Ta 量化自己具体的时间分布情况。

- 每天加班 2 小时。
- 社交应酬 2 小时。
- 家庭生活 2 小时。
- 正常睡眠 7 小时。

还记得上一小节中 Z 先生的案例吗？在拆分了现状、细化了问题后，我请他对各项工作进行了量化，得到了这样一张图表。

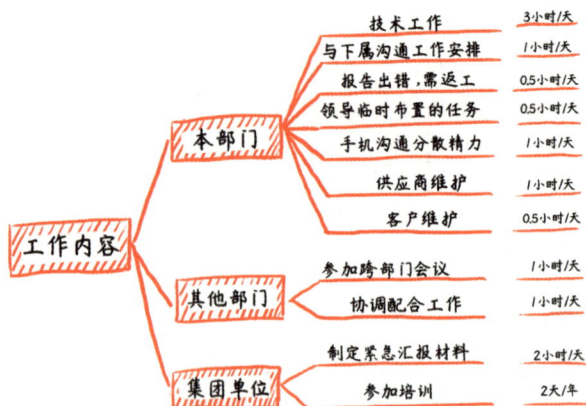

他算出自己每天的工作总时长为 11 小时——确实非常辛苦！但正是通过这种可视化的记录，他才能清晰地看到自己每日工作时间的利用情况，进而明确从哪里入手提高效率、节约时间。

在接下来的章节里，我们将看到他是如何一步一步地成功解决这个棘手问题的。

你可能发现，前述问题量化起来比较容易，都是与成绩、支出、时间相关的问题，自带"数据属性"。但是，如果需要量化的是关于能力、自信心、意愿、状态、凝聚力、关系、态度的问题，该如何做呢？

一个有效的办法是用**"1~10 标尺法"**：1–2–3–4–5–6–7–8–9–10，从低到高，相当于一个表示程度的标尺，它可以对一些难以量化的对象进行量化。在应用这把标尺时，我们可以这样问自己或他人。

♪ 睡眠不好——如果用 1~10 分打分，你会为睡眠质量打几分？

♪ 很不自信——如果用 1~10 分打分，你会为自信程度打几分？

♪ 关系紧张——如果用 1~10 分打分，你会为这段关系的质量打几分？

一个孩子已经半年多没上学了，他妈妈请我与孩子沟通。孩子说话时有气无力、无精打采。当我请他用 1~10 分为自己的状态打分时，结果令我诧异——他只打了 1 分。从这个分数，我们就可以看到孩子当时的状态有多么糟糕，他正深陷于某种困难中，急需改变。

由于能力、意愿、状态、信心与个人感受密切相关，因此分数必然偏向主观。如果感到很难打分，我们可以用"划定区间、缩小范围"的方法来确定分数。

问：如果用 1~10 分打分，能打几分呢？

答：不太确定。

问：那是 3 分还是 8 分呢？

答：不是 3 分。

问：比 8 分多吗？

答：我觉得在 5 分和 7 分之间。

问：那就按照 6 分计算可以吗？

答：好，就是 6 分。

看似"模糊"的问题可以通过这样的提问，真正地"被看见"。

## 现在，让真正的问题浮出水面

请你先听听下面这些声音。

↗ 他们都不听我的。

↗ 我都是被他们气的。

↗ 我实在无能为力。

↗ Ta 不配合我的工作。

↗ Ta 根本不理解我。

↗ 环境就是这样，我有什么办法？

再听听下面这些声音。

↗ 我再试试其他方法。

↗ 我可以管理自己的情绪。

↗ 我可以找到更多的方案。

↗ 我可以主动与 Ta 沟通。

↗ 我可以想出有效的表达方式。

↗ 我总是可以做点儿什么的。

这两类声音有很大的不同，你听完后分别有怎样的感受？

听第一类声音，你是否感到谈话者无能为力，感到问题已经无望解决？而听第二类声音，你是否感到谈话者很自信、很有力量，感到 Ta 正在积极主动地想办法？

两类声音之所以有这样大的差别，是因为谈话者的**着力点**大不相同。前面的谈话者把着力点放到了别人身上、放到了过去、放到了外界环境中，也就是放在了"关注圈"上；而后面的谈话者把着力点放在了自己身上，放在了自己的行为能够影响什么事情上，即放在了"影响圈"上。

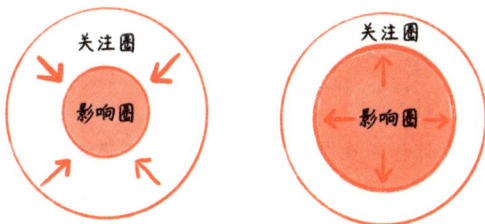

天气、新闻、交通、房价、娱乐八卦、别人说的话、别人做的事都属于关注圈；个人的能力、情绪、知识、信念、行动则属于影响圈。

由于生活在大环境中，每个人的关注圈都会大于影响圈。如果我们把过多精力放在自己无法掌控的事情上，就会大大压缩影响圈的范围，画地为牢；反之，如果我们把精力放在自己能有所作为的事情上，就会发现自己可以"说了算"的事数不胜数，比如：

- 以什么样的心情去上班；
- 以什么样的状态和同事相处；
- 要不要对自己的工作进行整理、分类；
- 要不要提升沟通能力；

♫ 要不要提升时间管理能力；

♫ 要不要忽略那些不重要、不紧急的问题；

♫ 要不要为达成心中的愿景做点儿什么。

你已经对现状进行了细化（拆分）与量化（列数据 / 用"1–10标尺法"打分），清晰地看见了问题本身。那么对于拆分得到的多个子问题，是"同时"解决还是先解决其中一些问题呢？

一个解决子问题的简单原则是，**从自己能掌控的问题开始，从简单易行的问题开始，从容易见到成效的问题开始。**

这并非避重就轻，而是为解决问题提供一种"原始动力"，随后它将撬动整个大问题的解决。

> 不要让你不能做的事情，干扰你能做的事情。
>
> ——约翰·伍登（John Wooden）

在 Z 先生经常加班的问题中，他一开始把注意力放在上级单位、供应商以及客户身上，坚定地认为自己处于完全被动的局面，别无选择。

我请他先排除"暂时不能改变"的，用红色的"×"标记出来，以下是他的反馈。

♫ 领导临时布置的任务。×

♫ 参加跨部门会议。×

♫ 提交紧急汇报材料。×

♫ 参加培训。×

♫ 供应商维护。×

♫ 客户维护。×

⚡ 协调配合工作。✕

排除"暂时不能改变"的子问题后，剩下的部分浮出了水面。

⚡ 技术工作　　　　3 小时

⚡ 报告出错，需要返工　　0.5 小时

⚡ 手机沟通分散精力　　1 小时

⚡ 与下属沟通工作安排　　1 小时

Z 先生意识到，这 4 项工作加起来要花 5.5 小时——占总工作时间的一半！如果先从它们入手，再循序渐进地处理其他子问题，解决"工作太忙"的"问题之王"就有眉目了。

他不再认为自己是无奈、无力的，说话的声音都洪亮了起来。这就是因为他改变了可以改变的，暂时接纳了无法改变的。也许现在无法改变的事情，随着能力和影响力的提升，在不久的将来也会被他改变。

大量问题解决实践证明，**对于任何问题，只要你将它拆分得足够细，就总能找到自己可以掌控的方面。**如果你目前还没找到可以掌控的方面，请继续拆分问题，直到发现突破口。

也就是说，**对于任何问题，你都要相信自己总是可以做点儿什么的**——这种信念对问题管理者来说至关重要，能让我们永远都为自己保留一份自由。

说了工作中的例子，我们再来看看学习中的故事吧。初二学生小 C 在学校的表现很不好，是老师和同学眼中的"问题学生"。班主任列出了他的问题清单：不抄写老师留下的作业、不完成作业、上课与同学说话、打瞌睡、传纸条、从不举手发言，等等。

我问小 C：**"如果只解决上面的一个问题，最容易解决的是哪一个？"**他毫不犹豫地说，最容易解决的是上课从不举手发言的问题，"不就是举手吗？谁不会呀？"

第二天，小 C 在语文课上举了一次手，令老师非常惊讶，他的回答获得了同学们的热烈掌声。这是小 C 上初中以来第一次举手发言，他为自己创造了一次成功的体验。此后，他更积极地参与课堂互动。一个月后，小 C 获得了上初中以来的第一张奖状。

在完成问题拆分后，如果我们选择从最难的子问题开始解决，并且长时间无法解决，无论是谁都容易失去解决问题的信心，甚至放弃。相反，如果我们从自己能掌控的、比较容易的问题入手，往往很快就会获得成功的体验。

千万别小看"成功的体验"，它会令人在艰难的问题面前拥有更强的自我效能感，促进解决问题能力的提升，推动其他子问题的解决。不仅失败是成功之母，成功更是成功之母。

再看看前面提到的"员工幸福感低"的问题，虽然它已经被拆成了 5 个子问题，但似乎哪一个都不容易解决，更不可能同时解决。

我问提出问题的小组想从哪个子问题入手，他们有些犹豫。我又问，哪个子问题最难？他们说解决工资的问题最难，因为那是公司层面的问题，得放到后面去解决。于是就剩下了其他 4 个子问题。

我们再来看看这 4 个问题之间是否有联系。他们把注意力放在了第三个问题上，即每天至少有 4 个事项需要重复反馈。之所以这样选是因为：

- ⤴ 这个问题是自己可以掌控的，相对容易解决；
- ⤴ 这个问题涉及返工、重复劳动，解决后能节约很多时间，对解决第一个问题有帮助；
- ⤴ 这个问题如果解决了，说不定能提升团队绩效，对解决第五个问题有帮助。

就这样，这个小组优先锁定了"每天至少有 4 个事项需要重复反馈"这个"问题之王中的问题之王"，也就是核心子问题。

在此提示一下，提升工资水平的问题并非无法解决，我们会在下一章解决这个看似无解的问题。

至此，作为问题管理者，你已经掌握了如何用事实性语言（而非观点性的高度概括）来描述你的问题，如何细化并量化问题，如何找出核心子问题。

这是一张"现状拆分清单"。现在，请你把自己的"问题之王"彻底拆分，在清单中写出拆分出的子问题并进行量化。

接下来请你边看这张清单，边问自己以下几个问题。

↗ 这里面哪个问题最容易解决？

↗ 这里面哪个问题是自己可以掌控的？

↗ 这里面哪个问题的解决能明显看到效果？

↗ 这里面哪个问题的解决会带动其他问题的解决？

↗ 这里面哪个问题的解决能让更多人受益？

回答这些问题能够帮助你确定哪些问题要优先对待，哪些问题可以稍后处理。请你用一支红色的笔，在你确定要优先解决的子问题（一个或多个）后的小方格内打"√"。

别担心，随着你的影响力不断提升，其他小方格也会一一被你打上"√"，问题的解决会逐步推进。

此时，你无须思考"为什么"会出现这样的问题，无须指责自己和他人，无须纠结于过去，无须纠结于原因，无须后悔，只需要问——我要的是什么？我可以做点儿什么？

第 **⑨** 章

# 问题背后藏着目标——注意！转机来了！

一个人在描述问题时，往往会说很长时间，他们深究"为什么"会产生问题，"为什么"问题偏偏出现在自己身上，不知不觉就陷入了问题漩涡。在解决问题的过程中，一个最明显的分水岭就出现在这个阶段——从问"为什么"，到问"要什么"。

在这一章中，你将从问题思维转换到目标思维，找到藏在"问题之王"背后的目标，为自己制定真心向往且真正有效的目标，把握解决问题的转机。

# 1 无法掌握主动权？扣住明确的目标

当你翻到这一章时，我要特别恭喜你，因为你已经通过此前的阅读确定了"问题之王"、找到了关系人、明确了现状，还让核心子问题浮出了水面。马上，你就要看到解决问题的真正转机了！

相传撒哈拉沙漠中有一个小村庄，它在被发现之前一块贫瘠之地，那里从未有人走出过沙漠。

一位探险家听说了这件事后，向当地人询问未走出过沙漠的原因，结果每个人的回答都一样：从这儿出发无论向哪个方向走，最终都会回到这个地方。

他决心做一次试验：他从村庄出发向北走，结果三天半就走出来了。**他发现，当地人之所以走不出沙漠，是因为他们根本就不认识北斗星。**

于是他告诉当地一位青年，要想走出沙漠，只要白天休息，夜晚朝着最亮的那颗星的方向走，就一定能走出去。那位青年照着他的话去做，3 天后果然走到了沙漠边缘。青年人也因此成了当地的开拓者，他的铜像被竖在村庄中央，铜像的底座上镌刻着一行字："新生活从选定目标开始。"

**你的北斗星在哪里呢？**

## ◖ 小心，别陷入问题漩涡

在过去大量解决问题的实践中，我发现许多人在拆分了现状后，会不断地追问"为什么"，百思不得其解。

♪ 为什么是这样？

♪ 为什么还是不行？

♪ Ta 为什么这么说？

♪ Ta 为什么还不改变？

♪ 为什么我这么倒霉？

♪ 为什么不好的事偏偏发生在我身上？

"为什么"是一个永无止境的问题，它指向的是已经发生的事情。当深究"为什么"时，当事人非常容易陷入问题漩涡。

我有一位家人很怕冷，每到 10 月中旬就开始苦恼：为什么这么冷？风怎么这么大？天气变化得也太快了，北京的秋天怎么跟冬天一样！我记得前天还很舒服呢！明明才 10 月啊……

他屋里的窗户像夏天一样大开着，而他仅穿着一件单薄的衬衫，脚踩着一双凉拖鞋。这时我通常会递给他一杯温水，问："要怎样才能暖和一点儿呢？"

在解决问题的过程中，一个最明显的分水岭就发生在这个阶段——从问"为什么"，到问"要什么"。

通过第 1 章你已经了解到问题 =| 现状－目标 |。每个问题的背后一定藏着一个目标，解决问题的转折点就在于，从问题思维转换到目标思维。让我们先来看看这两种思维的区别吧！

| 问题思维 | 转换 | 目标思维 |
|---|---|---|
| 看向过去 | → | 看向未来 |
| 聚焦于"不想要的" | → | 聚焦于"想要的" |
| 思考为什么发生 | → | 思考怎样去解决 |

| 问题思维 | 转换 | 目标思维 |
|---|---|---|
| 这是谁的错，谁是"罪犯" | → | 谁能提供支持，谁是"盟友" |
| 证明自己没错，相互防御 | → | 集思广益，达成共识 |
| 氛围紧张，批评、委屈、内疚 | → | 氛围轻松，欣赏、鼓励、憧憬 |
| 被问题管理，陷入问题漩涡 | → | 主动管理问题，迈向目标 |

一个人在描述问题时，往往会说很长时间，越说越委屈，越说越愤怒，脑海里的一幕幕都是令自己悲伤或讨厌的画面。当我问他们："对于这个问题，你的目标是什么"时，有的人哑口无言，因为他们一直忙于处理眼前的麻烦，似乎从没想过问题背后还有目标这回事。

当一个人暂停思考"为什么"，转而思考"要什么"时，你能明显感受到 Ta 状态的变化：他的声音会情不自禁地洪亮起来，眼睛变得有神，连坐姿都会变得比之前挺拔。他的脑海中浮现的不再是令他纠结的问题，而是心中的愿景。

每当这时，我都会明显地感受到——问题就快有解了。

在一次 KSME 问题解决课堂上，大家都很投入地参与互动，可有一位女士一直是一副睁不开眼睛的样子，我看得出她在强打精神。在分享环节，她说自己昨晚几乎没有睡着，她住的酒店虽然很好，但却是新装修的，而她对装修产生的气味很敏感，一整晚都头晕、流泪、鼻塞……非常痛苦。

有的学员问她为什么没有换酒店，她说一开始觉得很倒霉，但忍忍就过去了，到了深夜，心想时间已经过半，再忍忍就天亮了……于是就这样一直煎熬了 10 个小时。

说来也巧，她住的酒店和我预订的酒店是同一家。和这位女士一样，我也对"装修的味道"很敏感；但与她不同的是，我第一时间就换了一家酒店。

在问题面前，我首先想到的就是目标：晚上休息好，确保第二天有最佳的授课状态。基于这一明确的目标，我更换新酒店的标准就变得很简单：干净、没有异味即可。

在出差选择酒店时，这样的目标始终在我心中，尽管有时是要付出代价的，比如原本预订的酒店不全额退款。但与明确的目标相比，这个代价是可承受的，所以遇到类似问题时，我从不等待、从不忍耐，而是会在目标的驱动下排除一切干扰，立即采取行动。

因此当你陷入纠结时，不妨拿出一张纸，在上面写下你想要的到底是什么，并把注意力重新放到"为了实现这个目标，我能做点儿什么"上。

至此你已经发现了，解决问题的真正转机在于，**不再和问题硬碰硬，而是绕到它的后方，让藏在问题背后的目标重现。**

这就需要把一个具体的问题转换成具体的目标。在语言上，我们可以把"为什么""都是因为""太倒霉了"转换成"要如何"。

- ♪ 真是太冷了。→要如何让自己暖和一点儿呢？
- ♪ 我的身体都是被领导和同事给气坏的。→要如何恢复健康呢？
- ♪ 我不喜欢 Ta 拒绝和我沟通的样子。→要如何与 Ta 顺畅地沟通呢？
- ♪ Ta 又对我撒谎了。→要如何让 Ta 与我坦诚相待呢？
- ♪ 我的团队工作效率太低了。→要如何提升大家的工作效率呢？
- ♪ 客户又没谈成，太糟糕了。→要如何使接下来的客户与我签订协议呢？

♫ 我又暴饮暴食了。→要如何才能养成良好的饮食习惯呢？

♫ 我又失眠了，明天肯定又没精打采的。→要如何更好地安睡？我能做些什么保护自己的身体呢？

现在，请你思考一下：藏在你的"问题之王"背后的目标是什么呢？请你在下方的横线上写下来。

## 目标是越多越好吗？ 大胆剪掉你的"蓝莓枝"

既然找到问题背后的目标是解决问题的转机所在，那么，目标是越多越好吗？

麦克·弗林特（Mike Flint）做了沃伦·E.巴菲特（Warren E. Buffett）的私人飞行员 10 年之久，但他在事业上有更多追求。一次，弗林特主动找到巴菲特探讨自己的职业生涯目标。

巴菲特首先让弗林特写下自己职业生涯中最重要的25个目标。于是，弗林特列出了一份长长的目标清单。之后，巴菲特请他在这张清单中挑出他最看重的 5 个目标，并重新列在另一张纸上。弗林特照做了。现在，他有了两张清单。

巴菲特问弗林特："你现在知道该怎么做了吗？"

弗林特答道："知道了，我会马上着手实现这 5 个目标。至于另外 20 个，它们并没有那么重要，所以可以在闲暇时间里慢慢把它们实现。"

巴菲特听完后说："不！弗林特，你完全搞错了——**那些没有被你挑出来的 20 个目标，是你应该尽可能避免去实现的。**你应该不允许这些事占用你的任何时间与精力，直到你把挑出来的 5 个目标实现。"

这就是巴菲特的双目标清单系统（Two-List System）：一张是"要去做的清单"（To do list），另一张是"尽可能避免去做的清单"（Avoid at all cost list）。

## 双目标清单
### Two-list System

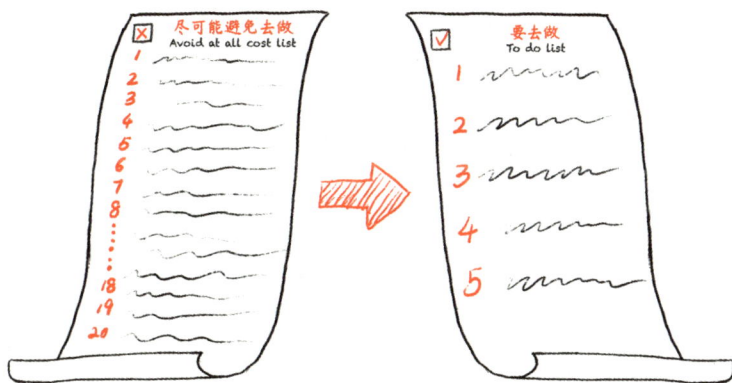

许多人了解目标的重要性，为自己设定了很多目标，踌躇满志、努力奋斗，最终却没能如愿。实际上，他们还未了解**"尽可能避免去"追求某些目标，和努力实现重要目标同等重要**，而前者非常需要勇气和定力。

不久前，我种了一盆蓝莓。植株刚到手时非常漂亮，我每日欣赏，不舍得为它们剪枝，却发现这株蓝莓到了季节也迟迟不结果。

后来邻居提醒我，细小杂乱的旁枝可能会开花，但永远也不会结果，只有大胆地把它们剪掉，才能使有限的营养集中到主干上。果然，在我剪去旁枝后，蓝莓植株重新焕发了生机。

亲眼见证这个过程对我启发很大。每个人的时间、精力、资源都是有限的，如果目标过多、无法聚焦，结果会如何？不少人认为目标越多，成就越大。实际上，目标数量和成就大小之间成反比。

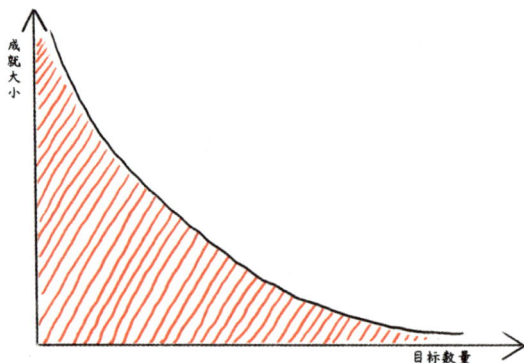

尽管认同聚焦于重要目标很有必要，但要真正放弃一些目标，我们还是不容易下决心，特别是当看到自己过去在这些目标上有所投入时，一想到要白白浪费已经投入的时间、金钱、精力等，就愈发舍不得放弃需要"断舍离"的目标，纠结于沉没成本。

比如有的人意识到了玩游戏会带来不良影响，但依然舍不得放下，因为已经投入了很多；有的人发现自己并不需要考取某个证书了，可是书都买了，也看了 1/4，还是会花大量时间准备与人生目标无关的考试。

不过，请你不要忘了机会成本的存在。如果不玩游戏了，空出的时间可以用来做些什么呢？如果不考这个证书了，多出的精力可以用于做些什么呢？做别的事会带来怎样的价值？

**对机会成本的分析，能够帮助我们在决策时突破沉没成本的束缚，聚焦于对自己真正重要的目标。**

在我上大学时，很多同学对织毛衣特别感兴趣，我也不例外，当时还有点儿上瘾，只要有时间就织。在我织到大约 1/3 时，有同学提醒我尺寸太小了，建议我拆了重织。

这个建议太打击我了，要拆的可是我 20 多天的心血呀。我没舍得拆，于是继续接着织，还抱着一线希望：万一尺寸合适呢？我心里有所怀疑，但手上没有停止。

而第 30 天左右，当我织到袖口时，我发现尺寸真的太小了，根本不可能穿得下。理智告诉我，别织了，赶快拆了吧，但那份不舍依然强烈，甚至比以往更加强烈——因为沉没成本越来越高。

怎么办呢？我突然发觉是时候做出一点儿改变了。虽然当天我没舍得拆，但把毛衣锁到了柜子里；第二天我也坚持住了，一针都没有织；第三天，我把毛衣从柜子里拿出来，愉快地全部拆掉了。拆掉毛衣的那一刻，是我 30 多天以来最轻松的时刻。

如果说沉没成本决定人们应该如何看待过去，那么机会成本就决定人们应该如何看待未来。花费你的一部分过去，去购买一个新的未来，是不是很有价值呢？对一些目标来说，不去实现它就是成功。

知止而后有定，定而后能静，静而后能安，

安而后能虑，虑而后能得。

——《大学》

很多人说，我们两位作者最大的优势并不是有天赋或资源，而是能"聚焦"。虽然10年来遇到了很多机会和诱惑，但我们始终聚焦于一件事——解决问题，且从未动摇。

我们不是在做问题研究，就是在帮助他人解决实际问题，不是在分享问题解决课程，就是在培养问题解决专家。我们所有的工作都围绕着"解决问题"这一个目标，并把它升级为使命来完成。

此刻，你可能也联想到了自己的人生目标，它是什么呢？

如果你手边有纸和笔，请尝试列出你的"双目标清单"，为自己填写一份"要去做的清单"和"尽可能避免去做的清单"，明确自己要专注于哪个重要目标，要大胆地剪掉哪些"蓝莓枝"。

为了更好地厘清思路，你还可以这样问问自己，听一听自己内心的回答：

- ♪ 我在事业和生活上的目标分别是什么？
- ♪ 我想拥有怎样的经历？
- ♪ 如何将所有目标按重要性排序？
- ♪ 哪个目标对我的影响最大？
- ♪ 这个目标和其他目标有什么联系？
- ♪ 我想在什么时候实现这个目标？
- ♪ 如果这个目标现在就实现了会怎样？

## "被提拔的希望落空"：目标需要转向

但是，假如聚焦了一个目标、长期为之投入精力，到了时间节点却没能达成怎么办？问题不就无解了吗？

一位女士因为没被提拔郁闷不已，她说自己整个人就像瘪了的气球，再也提不起工作的干劲。她强调自己的领导曾在 3 年前承诺："只要你好好干，有机会我一定提拔你。"于是她就把"3 年后被提拔"作为自己的职业目标。

她气馁地说，这是职业生涯里的一个大机会，自己却没抓住。她苦苦地纠结："3 年来我努力工作，做出了很多成绩，可最终没被提拔，太不值得了！"她陷入了深深的痛苦中，无法自拔。

我认真聆听她的讲述，理解她的感受，并通过提问帮助她进一步了解自己的目标。

问："你为什么希望被提拔呢？"

答："提拔后薪水并不会怎么涨，我只是希望自己更有影响力。"

问："怎样的影响力呢？"

答："用自己的经验和知识影响更多人吧。"

问："大概是多少人呢？"

答："要是被提拔，我能影响 80 个人！"

问："只有在这个岗位上被提拔，才能影响这么多人吗？还有其他路径可以达成这个目标吗？"

**最后的问句，成为这位女士从极度痛苦到充满希望的转折点。**她意识到，原来自己没有失败，更不用放弃梦想——3 年前设定的目标现在只是需要转向。

她在一番分析后发现，自己虽然没被提拔，但正是因为有这样一个目标牵引，她才在 3 年内迅速提升了自己的业务能力、沟通能力、演讲能力，她还成功考取了管理学在职研究生。

这样的一个目标是不是很有价值呢？有了它的驱动，3 年的工作充实而有意义，也激发了她个人成长的愿望。人生没有白走的路，每一步都算数。

时过境迁，被提拔是 3 年前的目标，如果当时的目标是"3 年内具备被提拔到那个岗位所需的知识、能力和素质"，这样的目标就是自己能掌控的。

这位女士说，是时候思考一下自己下一阶段的目标了。她综合分析了自己的经历、经验、兴趣、能力、性格、年龄等因素，使自己原来的目标完成了转向——5 年内成为一名职业讲师，用自己的经验、知识和能力为更多人带来正面影响。

当想到这个新目标时，她兴奋地说："我过去一直按部就班地在公司的赛道上比拼，这还是我人生中第一次自己规划职业生涯呢，看来问题就是机会！"3 年过去了，她现在成了一位优秀的职业讲师，在讲台上绽放光彩，至今已经影响了 2000 多人——远超当时影响 80 人的目标。

**如果你在努力实现一个很久以前设定的目标，要不要停下来思考，这个目标是否依然是心中所想？** 如果你奋斗在实现目标的路上，蓦然回首，发现旧目标已不再是你想要的，要不要让目标转向、重新焕发生机呢？

还记得上一章中的"员工幸福感低"的问题吗？小组成员们认为，工资低是幸福感低的重要原因。于是我问："你们的目标是提升工资，还是提升收入？"大家很不解地看着我们："这不都一样吗？"

很多人认为自己的工资太低，把目标定为"涨工资"，但因为这个目标涉及公司制度和公司本身的发展，想要达成并不容易。一个人在聚焦于自己难以把控的事情时，很容易陷入问题漩涡，认为自己在问题面前完全被动，毫无招架之力。

实际上，这个目标并非无法达成，只是在等待转向——**把提升**

**"工资"转为提升"收入"**。

工资的来源是单一的，但收入是多元的，不仅包含工资，还包括理财收入、副业收入等。

至此，我们思考的不再是"如何说服公司大幅涨工资"，而是"我可以通过怎样的途径、为社会提供怎样的价值，来提高自己的收入水平"。

目标之所以需要转向，是因为我们在某些情况下，**把达成目标的路径当成了目标本身，误认为"只有这一条路通往目的地"**。实际上，这一条路的旁边可能有 5 条、10 条、20 条路随时供你切换。

有的人在辞职创业后受挫，找到我说："我的目标是回到辞职前。"这可是要乘坐时光穿梭机才能达成的目标！沟通后，他进一步明确了自己的愿望，并使藏在"问题之王"背后的目标转向"找回热爱生活的动力，就像辞职前那样"。

一位女士说"我的目标是离婚"。我问："这真的是你的目标吗？"如果她把离婚作为目标，那直接办手续就可以实现了。进一步明确后，她把目标转向"提高自己当前的生活幸福感"，并且发现离婚只是路径，不是目标。

一位年轻女孩说"我的目标是减肥"。事实上她已经很清瘦，如果继续以减肥为目标，势必会损害健康。一番分析后她终于发现，自己的目标并不是"减肥"，而是"成为一个更有魅力的人"。魅力包含多方面的内容，减肥只是其中一条路径，远不是目标本身，甚至还会阻碍她达成目标。

在本章的第 1 小节，你已经找到了藏在"问题之王"背后的目标。现在你可以重新审视一下这个目标是否需要转向。如果需要，请你简单修改一下。

## 平衡你的目标：别让生活倒向一边

还记得第 3 章的价值罗盘吗？你当时用这个工具判断了哪个问题是真正重要的。接下来，你将进一步利用它可视化目标之间的关系。

在以企业管理层为授课对象的 KSME 问题解决课堂上，我设置了这样一个环节：请每个小组在价值罗盘上填写企业看重的价值，并为这个价值目前实现的情况打分。以下是一个小组得出的结果。

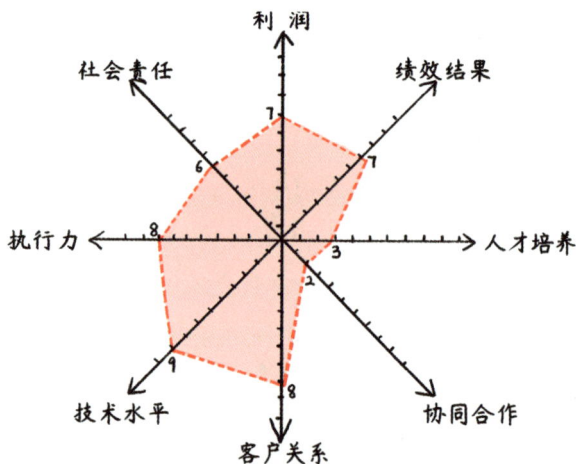

在以家庭为授课对象的问题解决课堂上，我也设置了类似的环节：请每个家庭讨论自己希望实现的功能，并为功能的实现情况打分。以下是其中一个家庭呈现的结果。

有解 高效解决问题的关键 7 步

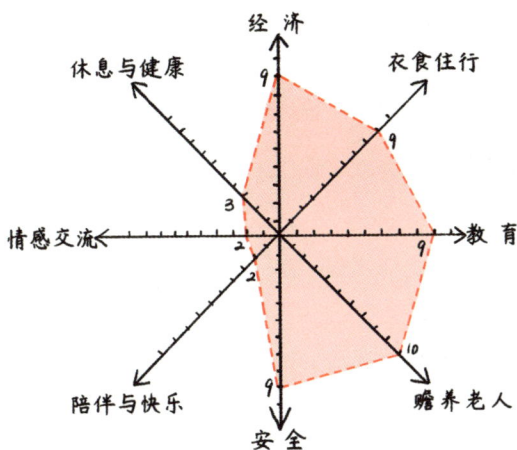

可以看到，这两张图都出现了明显的失衡。

我们不妨设想一下，如果一家企业在看重的几个价值上倒向一边，对企业的长远发展会有怎样的影响呢？如果一个家庭在想要实现的功能方面出现了严重漏洞，对家庭幸福会有怎样的影响呢？

一位创业公司的总经理很劳累，身体拉响了警报，孩子也退学在家，但他坚持认为公司上市是他唯一的目标，说"为此累倒也心甘情愿"。他很少回家，即使偶尔回去了也把家当成宾馆，不和家人做任何交流。试想，如果公司没能顺利上市，他会面临怎样的情况？

一位母亲认为，孩子上重点高中是她唯一的目标，她因此每天为孩子成绩的起伏焦虑不已。她不仅放弃了自己的生活，和爱人的沟通也只围绕着孩子转，家庭氛围很紧张。试想，如果孩子没能如她所愿考入理想高中，这位母亲该何去何从呢？

一位孝顺的女士因为母亲去世时自己身在国外，没能见母亲最后一面，深感愧疚，陷入极度悲伤的情绪中半年之久，身心都出现

135

了明显的问题，没有精力陪伴爱人和孩子，对生活失去了信心……

此刻，他们的价值罗盘因只有一个价值而出现了严重的倾斜，就像大海里的舰船失去平衡一样，随时都有翻船的危险。

- 有的领导只把提升绩效作为目标，却忽略了团队建设与员工的成长。
- 有的员工只把涨工资、获得奖金作为目标，却忽略了个人的长远发展。
- 有的家长只把提升孩子的成绩作为目标，却忽略了对孩子性格和品质的培养。
- 有的孩子只把发展同学关系作为目标，牺牲了学业发展。
- 有的人只把财富增长作为目标，牺牲了自身健康和对家人的陪伴。
- 有的老人只把照顾子孙作为目标，牺牲了自己的生活。

在大多数情况下，我们都不能只有一个目标，都需要对重要的目标进行平衡。你不仅是企业领导和员工，也是爱人的伴侣、孩子的父母、父母的孩子，同时，你还是你自己。你的目标，也需要与这些角色相关。

为了不让目标倒向一边，**最简单的方式就是根据马斯洛需求层次理论，为自己设立不同层次的目标。**

举个例子，我的 3 个目标分别是保持健康、家庭关系良好、KSME 事业成功，分别对应我的价值罗盘中最重要的 3 个价值维度。

- 保持健康是基础生理需求，对应马斯诺需求层次理论的第 1 层，即生理需求。
- 家庭关系良好对应马斯诺需求层次理论的第 2~4 层，即安全、归属、尊重需求。

↗ **KSME 事业成功对应马斯诺需求层次理论的第 5 层，即自我实现需求。**

这 3 个方面相互促进，相互支撑，相辅相成，缺一不可。我一想到这 3 个方面，就感觉心里很踏实。

每天早上我都会被心中的梦想叫醒——心系健康、家庭、成就这 3 驾马车。每天早上我都会刻意想一想：今天要为这 3 个目标做点儿什么呢？每天晚上，我都会用两分钟的时间做个总结。

也许我们还没有为实现某个目标采取实质性的行动，但只要花时间做了思考，就是收获；即使做错了什么，只要在这个目标上留下"印记"，就是贡献。

值得注意的是，人们在追求最高层次的需求"自我实现需求"时，容易停不住脚步：有的人忽视了身体健康、忽略了安全需求、漠视了关系，也就让自我实现失去了支撑，变成了危险的空中楼阁。

现在你已经了解了平衡目标的重要性，作为问题管理者，你不会让自己的生活倒向一边。在第 3 章，你完成了自己的价值罗盘，请你参考本节的内容，在下图中用 1~10 分为这些价值的实现情况打分，并用线将它们相连，借此查看一下自己的目标是否平衡吧！

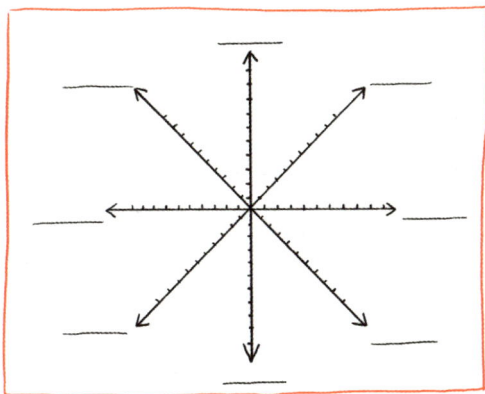

## 2 为什么 flag 总是倒——你的目标符合 SMART 原则吗?

有人说自己是有目标的,但 flag 却总是倒(flag 原指旗子,在此以倒下的旗子形容难以实现的目标)。想多运动,坚持不下来;想少喝点儿酒,做不到;想多读几本书,也没完成……他们开始自我怀疑,甚至给自己贴上了"说话不算数"的负面标签。

### 🔴 目标难以实现,并非因为你不够努力

此刻,请回想一下你过去成功达成目标的经历。

- 🏳 你想和某个你喜欢的人结识,你做到了。
- 🏳 你想去一个遥远的地方旅行,你到达了。
- 🏳 你想考取某所学校,你成功了。
- 🏳 你想去某家公司就职,你实现了。
- 🏳 你想获得某个证书,你拿到了。
- 🏳 你想生个宝宝,你拥有了。
- 🏳 你想换个岗位甚至换个公司,你成功了。
- 🏳 你想辞职创业,自己当老板,你也实现了。

这些目标比"多运动""少喝酒""多读书"等目标要大得多,看起来也更难实现,可你却统统做到了。这是为什么?这些目标是如何实现的?

你或许很少思考这样的问题。在实现一个接着一个目标的过

程中，我们容易像陀螺一样转个不停，但找到这些问题的答案事关重大。

　　请你暂时停下脚步，先思考下表中的 5 个问题，并将答案填写在表中。

| | |
|---|---|
| 最令你感到自豪的是哪个目标的实现？ | |
| 这个目标当初是如何设定的？ | |
| 你在目标实现过程中遇到了怎样的挑战？ | |
| 你是如何坚持下来的？ | |
| 这个目标的实现给你带来了什么？ | |

　　看一看你填写的答案，你发现了什么？它们是不是蕴含着一项非常重要的因素——达成目标的强烈愿望？你当时的愿望有多强烈，克服困难的勇气就有多大，成功的可能性就有多大。

　　**你或许发现，如果目标只是说说而已或者只是有一点愿望，目标往往很难实现。**

　　下面这张表描述的是目标达成率与愿望强度之间的关系。在上一节，你已经找到了藏在"问题之王"背后的目标。现在，请你把这个目标与下面的表格内容相对应，看一看你实现这个目标的愿望强度如何。

### 目标愿望强度表

| 愿望强度 | 定义 | 表现 | 结果 |
|---|---|---|---|
| 10% | 有点儿想实现 | "随便说说而已"，不愿付出，不知从何开始，不见行动 | 达成率几乎为 0%，很快就会忘记自己曾经还这样想过 |

| 愿望强度 | 定义 | 表现 | 结果 |
|---|---|---|---|
| 50% | 想实现 | "目标实现不了也没关系"，有行动，一旦遭遇挫折就会很快放弃目标 | 达成率为10%~20% |
| 70% | 很想实现 | "这是一个认真定下的目标"，但欠缺决心，认为自己曾经努力过，没实现也可以接受 | 达成率为50%，可能因为运气好而成功，也可能因为运气差而失败 |
| 90% | 非常想实现 | 虽然愿望强度很高，但潜意识中仍存在一丝放弃的念头，可能无法排除万难，始终坚持，距离目标达成只有一步之遥 | 达成率为90%，但"行百里者半九十"，仍有无法达成目标的风险 |
| 100% | 一定要实现 | 拥有不动摇的信念，能够自我赋能，投入地寻找达成目标的方法，排除干扰、战胜万难——这样的愿望强度很罕见 | 达成率接近100%，一定能找到最有价值的解决方案并达成愿景 |

如果你仔细观察这张表就会发现：设定目标时，最重要的并不是"如何"实现这个目标，而是"为何"要设定这个目标。为何，就是在强调目标的意义和价值，这也确保了更高的愿望强度。

很多情况下，解决问题的难点在于"我想让你实现我的目标"。人们通常认为由自己来给别人定目标、提要求是合理的。

- ♫ 领导给下属定目标：你要提升工作能力，你要和同事好好相处，你要多和客户接触，你要发挥模范带头作用。

- ♫ 爱人给伴侣定目标：你要努力增加收入，你要考MBA，你要早点儿回家，你要和我认可的朋友交往，你要多陪孩子。

- ♫ 家长给孩子定目标：你要考全班前五名，你要加强锻炼，你要多交朋友，你要早睡早起，你要多读书，你要养成好习惯。

如果这些目标只是自己的愿望，在制定过程中没有纳入对方的意见，对方就不可能产生足够高的愿望强度来支持目标的实现。

无论我们扮演怎样的角色，无论如何权威，如果把自己的目标强加给他人，不仅最终的效果难以保证，还可能会伤害彼此的关系。没有人会用"自己"100%的意愿与付出来完成"别人"的目标——除非那也正是Ta的心之所向。

我在过去许多问题解决案例中发现，"明确目标"这一步尤其需要下功夫。一旦确认了自己对实现目标的强烈愿望，找到了真正属于自己的目标，问题就解决了大半。

我辅导过的一个"问题学生"，他在高三一年将总成绩提升了156分。在我第一次与他沟通时，他的总成绩不到300分，毫无学习的心思。

我问他高中毕业后的目标或愿望是什么，他想了想说："开一个台球室，只需要妈妈投资10万元租一间地下室就够了。"

这个目标看起来不难实现，但是，这个目标对他而言意味着什么呢？那真的是他想要的生活吗？当被问到这些问题时，他在电话那头沉默了片刻，说："听学长、学姐说，北京、上海这样的大城市机会多，我也想见见世面。"

我与他一起畅想今后的无限可能，设想他10年后的状态，憧憬精彩的未来。到这里他突然说："谁不想考大学呢？我也想考上好大学！"

他在发现自己"出去看世界"的愿望强度远远高于开台球室时，决定重新定义自己的目标。我问："你确定想考大学吗？这真的是你自己的愿望吗？"他提高了音量："我确定！"

在把考大学这个大目标拆分后，他发现一年的时间还来得及！

后来我每两周与他通一次电话，帮助他排除干扰、达成愿望。现在，他已经在一所知名的理工大学读书了。

在一次解决家庭问题的过程中，一对夫妻争吵不休，差点儿去办理了离婚手续。虽然他们在对话中一直抱怨彼此、恶语相向，但我仍能明显地感受到两个人深深地爱着对方，"离婚"只是冲动之中的口不择言。

我请他们分别在纸上写下自己的目标，令我吃惊的是，他们写的内容完全一样——"好好过日子"，5个字写得工工整整。

我加强了语气向他们确认："这真的是你们的目标吗？"他们说："是的。"我再次确认："你们确信？"他们使劲点点头。一旦目标明确了，接下来该怎么做，相信他们很快就会找到答案。

现在，请思考一下你当前想要实现的目标。对于这些目标，你的愿望强度到底是多少？请用1%~100%来量化它们。

在填写的过程中，你也许有了一些新的思考。你也许发现对目前已为之付出很多的目标，你的愿望强度并不高，所以有些纠结；你也许发现对目前还没有为之付出行动的目标，你的愿望强度却很高；你还有可能发现，有的目标需要重新定义——这项工作特别重要。

你是否有这样的情况：你对目标的愿望强度很高，但是目标还是不能实现？如果是这样，我们就要看一看目标本身是否有效了。

## ● 如何设定真正有效的目标？

相对于"多运动""少喝酒""多读书"这样的目标，你实现的令你最有成就感的目标究竟有什么不同呢？

### 1. Specific：你的目标具体吗？

很多情况下，我们没有实现设定的目标，并不一定是因为执行力弱，而是因为设定的目标过于笼统含糊、模棱两可——有时我们自己都说不出目标具体是什么。

回顾一下令你最有成就感的那个目标，是不是制定得十分具体？比如高考考上某某大学，1 年内考取某个证书，本季度谈成 10 位客户……

但是当切换到"多运动"的目标时，我们怎样定义"多"呢？又如"少喝酒"的目标，怎样定义"少"呢？再如"提升服务意识"的目标，是指在哪个方面进行提升呢？

如果我们把目标更新为"每天跑步 30 分钟""每次内部聚会饮酒不多于 2 杯""1 年内客户满意度提升 10%"，就会大幅提升目标实现的可能性。

### 2. Measurable：你的目标可量化吗？

仔细点儿、多穿点儿、细致点儿、节约点儿……我们经常这样说，也经常听到这样的话，但耳朵似乎早已对此产生了"免疫"能力。

"节约点儿""仔细点儿"的目标怎样衡量是否达成呢？很难说清。这也就意味着，我们为自己制定了一个永无止境、没有尽头的目标，这很难激发我们的成就感。

如果你把"节约点儿"的目标转换为"1 个月内节约用水0.1 米 $^3$""半年内只买 1 件新衣服"，把"仔细点儿"的目标转换为"本次报告的错别字不超过 2 个"……这些量化的数据指标就能够帮助你判断目标是否达成。

如果你觉得有些目标不好量化，你可以回到上一章，重温一下量化的方法——尽可能用客观的标准来量化你的目标。

### 3. Attainable：你的目标可达成吗？

你曾实现的令你最有成就感的目标，是不是具有很高的可行性？它不是一个类似于"摘星星、摘月亮"的目标，而是一个"脚踏实地"的目标。

有的人说"我想回到过去""我想让 Ta 收回那句话""我想让这件事不发生"……无可奈何的是，在时光机发明之前，一个人永远无法改变过去的事；有的人把目标定为"暴富"，这样的目标不仅很难达成，还容易被诈骗机构利用。

这时候，目标需要转向，转换为一个可达成的目标。就像刚刚提到的，使"我的目标是回到辞职前"转向"找回热爱生活的动力，就像辞职前那样"；使"暴富"转向"通过理财、发展副业、创业等路径，在 1 年内使收入提升 20%"。

## 4. Relevant：你当前的目标与"人生大目标"相关吗？

在上一节中，你确认了自己人生中的重要目标。现在请回想一下最令你有成就感的那个目标，它是不是与这些"人生大目标"有关？是不是与你的理想、愿景、热忱相关联？

比如你想考 MBA，这个目标可能与你想要"成为专业的管理者""经营一家优秀的企业"这样的"人生大目标"相关联。

有的人的目标是"成为专业的管理者"，但看到周围的人考了很多别的证书，自己有些坐不住，觉得"技多不压身"，别人考我也考，结果为自己设定了很多与"人生大目标"毫不相干的目标。这不仅没带来收获，还为自己原来的重要目标带来了干扰，令自己身心疲惫。

把自己当前的目标与"人生大目标"关联起来，这一点非常重要，它能提醒你审视目标的意义和价值，不让当前的目标变成一座孤岛。所以在制定目标时请多问自己：我为什么要设定这样的目标？我究竟要成为怎样的人？

不过，有的人一心想着实现"人生大目标"，也会忽略当前目标与"人生大目标"的联系。

一位研发人员找到我说，他也想成为一名讲师，但觉得当下的技术工作和他成为讲师后的工作无关，继续现在的工作就是浪费时间，为此他非常苦恼，问我要不要辞职。

我很欣赏他的"人生大目标"，同时也引导他发现：他所在的平台非常出色，足以帮助他在当前的工作中逐步积累成为讲师所必备的素质与能力。

比如，他可以主动为自己创造环境，加入公司的演讲俱乐部，学习公司提供的沟通课程、职业培训师课程，找到自己擅长的领域，先成为企业内训师，再慢慢成为他梦想中的独立讲师。

于是，这位先生长舒一口气，开开心心地留在了公司，现在已经是一名非常受欢迎的内训师。他感慨地说，自己当时要是冲动地离开了公司，不知后面要在哪里才能积累成为讲师所需的素质与能力，他非常庆幸自己把"人生大目标"与当前目标紧密相连。

### 5. Time-bound：你的目标有时限性吗？

回顾最令你有成就感的那个目标，它一定有明确的截止期限，如"高考考上某某大学""1个季度内绩效提升5%""6个月内减重5斤"，这一点非常关键。

目标达成的时限决定了路径的选择。就像你现在在北京，你的目标是去上海。从北京到上海的方式很多，你可以坐飞机、高铁、汽车等。你想花多长时间到达呢？你想1天内到达还是3小时内到达？不同的时限，会让你选择不同的交通方式。

需要特别注意的是，所有的目标都是达成于未来某个时刻，而不是达成于此时此刻的。理解了这一点，我们就不会面临下面这种纠结了。

一位新入职的员工说："我想竞聘那个岗位，可是我现在能力不够。"他忽略了可以给自己一段时间（如2年），在这个时间段内积累知识、提升能力，达到那个岗位的人才标准，而不是轻易否定自己的目标。

现在你已经了解了，一个有效的目标要具体（Specific）、可度量（Measurable）、符合现实（Attainable）、与"人生大目标"相关（Relevant），并且具有时限性（Time-bound）。

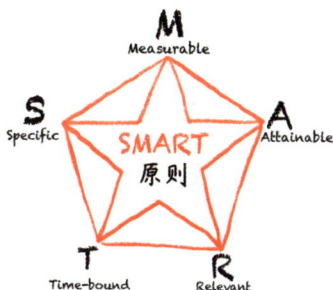

这就是 SMART 原则。它是由"现代管理学之父"彼得·德鲁克（Peter F. Drucker）在《管理的实践》中提出的目标管理方法。如果你能在制定目标时运用其中的精髓，就会一步步靠近自己的愿景。

在本章的第 1 节，你已经写下了藏在"问题之王"背后的目标。现在请你回过头来看一看，这个目标是否符合 SMART 原则？

如果有些出入，请你重新定义你的目标，并把它再次清晰地呈现出来。

恭喜你！你已经设定了一个真正有效的目标！相信这个符合 SMART 原则的目标能够把你带到你想去的地方。

## 🔴 方向永远优于速度：运用"5 分钟"的智慧

在上一章，你已经拆分并量化了现状，接下来你需要拆分并量化自己的目标。你打算从怎样的目标开始呢？

一位女士说，自己的爱人总是加班，回家很晚。她经常问他："就不能早回来两个小时吗？"但爱人坚决地说"不可能"，还说她不理解自己。

我引导这位女士思考一下，早回家两个小时的目标是否符合SMART原则中的"可达成"原则？她想了想，爱人是研发部门经理，工作确实繁忙，"那让他早回来1个小时？"

我问："早回来多长时间是最容易实现的呢？"她想了想，恍然大悟："就5分钟！"于是第二天早上，她问爱人愿意每天早回家5分钟吗，爱人毫不犹豫地答应了。

一周后，她表达了对爱人早回家的欣赏，并问可不可以再早5分钟回家呢，爱人也痛快地做到了……4个月后，这位先生一点一点地把工作强度降了下来，几乎每天都准时下班，偶尔还会主动接妻子下班。

一切改变都从实现"早回家5分钟"这个看似小小的目标开始。实际上，<mark>小目标里包含的不仅是更低的难度、更小的压力，还是一份理解与包容，一份信任与等候。</mark>

试想，当这位先生发觉，妻子对跟自己多在一起5分钟都很珍惜，也理解自己工作繁忙、不给自己施加额外的压力，他会不会更努力地想要提升工作效率、早点儿回家？

对于上课从不举手发言的孩子，我询问他："<mark>能不能举一次手？举一次手就是成功！</mark>"他很诧异地说，从来没人向他提出这么低的要求。两个月后，这个所谓的"问题少年"得到了人生中的第一张奖状。

对于想摆脱熬夜习惯的白领，我对她说："<mark>从今天起，每天早睡</mark>

**5 分钟就是成功！**"她认为这非常容易达成，只要少看一会儿手机就可以了。坚持执行了一个半月后，她已经能在晚上 11 点前入睡了。

一位高科技创业公司的总经理体重严重超标，他把"培养锻炼习惯"作为自己的目标。为此他请了很多位教练、办了很多张健身卡，却始终坚持不下来。找到我时，他已经 220 斤了。我对他说：**"从今天起，每天锻炼 5 分钟就是成功！"**

"锻炼 5 分钟就算成功？"他如释重负地笑了。以前，这位总经理想着锻炼怎么也要 1 小时起步，就这还会被家人和教练说短呢，所以他总用"忙"作为拒绝锻炼的理由；但这次一天就锻炼 5 分钟，实在是小菜一碟。他反而开始珍惜短暂的锻炼时间，每次都不小心超时。

6 个月后，他成功减重了 20 斤。虽然还属于超重人群，但他不再担心自己的身体，因为他已经养成了锻炼的习惯，一天不锻炼就会感到别扭；饮食上也渐渐配合每天的运动习惯，不再过量。他为自己贴上了一张新的标签——"我是一个每天都会锻炼的人"。

**以上我所做的，就是把一个令人望而生畏的大目标分解成最小、最容易执行的单元，然后和时间做朋友，耐心等待变化出现。**

这么做的前提是，我坚信 KSME 中的几个核心理念，如"人人渴望成长""人人都会为自己做出最好的选择""方向永远优于速度"。

有人将小目标的智慧用在了劝人"还钱"上，他对欠款 3 年的朋友说："我知道你是很守信用的人，这么长时间没有还钱肯定有苦衷。你看如果分期还给我，是不是能减轻你的压力？"对方立刻答应了，每个月还给他 2000~4000 元，半年后还清了所有款项。

很多人容易轻视小目标的力量，认为只有在实现不了大目标时，才会退而求其次去实现小目标。实际上，让小的改变发生再重要不过——小目标就是我们撬动今后所有改变的起点，**是它让一切不再静止。**

我们是人，不是机器，有自己的情感、自己的选择。当发现一个小小的改变带来了积极的影响时，我们会本能地进一步强化它、拓展它。

所以，无论你想解决的是自己的还是他人的问题，都请不要逼迫当事人一开始就实现宏伟的目标。你可以坚定地相信，只要向前一点点就是成功!

## 3　距离目标还有多远?——Δ 的推力

有了目标，就有了行动的动力。但在达成目标的过程中，以下这些想法对我们来说并不陌生。

- ♪ 实现戒烟这个目标的确有必要，但如果没戒成，好像也不会怎么样。
- ♪ 改善团队氛围是很吸引人，但要是没改善，好像也不会怎么样。
- ♪ 优化亲密关系确实正确，但要是没优化，好像也不会怎么样。
- ♪ 不再熬夜对我确实重要，但要是不早睡，好像也不会怎么样。

的确，有时候目标很诱人、也很重要，但不达成好像也不会怎么样。由此看来，**我们不明确自己为何而战**。

如果说目标提供的是一种向前的拉力，那么我们在解决问题时还需要另一种力——来自代价的推力。

## 🔴 评估目标与现状之差：明确自己为何而战

根据问题的定义，问题 =| 现状 – 目标 |，问题就是现状与目标之间的差距 Δ。Δ 越大，问题就越严重；而当现状、目标完全相等时，Δ 为 0，问题也就解决了。

换句话说，解决问题就是消除现状与目标之间的差距 Δ 的过程。

就像我们每年体检一样，体检报告包含"检查结果"和"标准值参考"，我们很容易看到它们之间的 Δ 是多少，也就清楚问题是否严重。严重程度不同，解决方案就不同。

比如一个人发烧，体温为 37.5℃，医生可能叮嘱 Ta 回家多喝点儿水，吃点儿清淡的食物，观察观察，不退烧再来；如果体温为 40℃，医生很可能会立刻为 Ta 打针、输液。

**这是因为 Δ 越大，问题就越严重，如果不加以干涉，最终的代价可能会令人难以承受。**

如果说考虑"目标"时想的是"采取了行动会怎样"，在考虑"代价"时想的就是"不采取行动会怎样"。目标给我们提供解决问题的拉力，而代价提供的是必要的推力。

请看下面 3 段话，哪一段令你感触最深？

♪ 戒烟后，你能够改善心肺功能，规避患癌风险，改善精神面貌，更加健康长寿。

♫ 有资料表明，长期吸烟者的肺癌发病率比不吸烟者高 10~20 倍，喉癌发病率高 6~10 倍，冠心病发病率高 2~3 倍，循环系统发病率高 3 倍，气管炎发病率高 2~8 倍。

♫ 吸烟可能会让你在 10 年后患上肺癌。一位肺癌患者这样形容自己的疼痛：一开始是疼得生活不能自理，闻到饭菜味就会恶心反胃；接着，四肢开始发麻，半个身体失去知觉；随后全身瘫痪，大脑无法控制四肢；如果癌细胞压迫到神经组织，就会感受到刺痛、电击痛、烧灼痛、神经疼痛等。

几乎所有看过这 3 段话的人都认为第三段话最让人难忘。一次，问题解决课堂上的学员们在看到这段话后，集体决定戒烟。

这段话之所以如此有力，是因为它清晰地描述了不戒烟的代价，让人想象到了不采取行动戒烟可能会带来的切身痛苦，发现这一 Δ 是致命的。

事实上，如果一个人只看到了达成某个目标的好处，却看不到达不成目标的代价，很容易在后续过程中丧失行动力。

我们都知道拖着某个问题不解决是会有代价的，但作为问题管理者，你不会简单地说"代价很大""代价很小"，你会用已量化的现状减去已量化的目标，算出 Δ，把不采取行动的后果清晰地摆在眼前。

**不过别有压力，所有的目标都是由你自己定义的**，并且符合 SMART 原则中的"可达成"原则，是踮踮脚就可以够到的。此外，你还可以利用"5 分钟的智慧"把宏大的目标变成里程碑式的小目标，徐徐图之。

还记得那个高中毕业后想要开台球室的"问题学生"吗？当他

算出自己高愿望强度的目标与现状之间的 Δ 后发现，如果再不做出改变，他将错失一次改变命运的机会，他原本可以把握住的"过另一种生活""见见世面"的机会。

他突然发觉，那不是他想要的青春。那是他第一次直观地看到现状与目标之间的差距，那时他改变现状的意愿已经非常强烈了。

还记得 Z 先生"经常加班"的问题吗？他在对应子问题的现状列出了目标后，算出了目标与现状之间的差距——加起来 2 个多小时。

第 6 章

问题背后藏着目标——注意！转机来了！

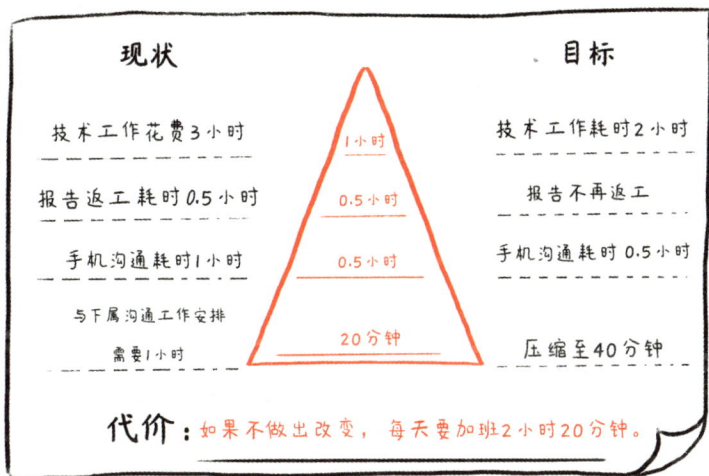

| 现状 | | 目标 |
|------|---|------|
| 技术工作花费3小时 | 1小时 | 技术工作耗时2小时 |
| 报告返工耗时0.5小时 | 0.5小时 | 报告不再返工 |
| 手机沟通耗时1小时 | 0.5小时 | 手机沟通耗时0.5小时 |
| 与下属沟通工作安排需要1小时 | 20分钟 | 压缩至40分钟 |

代价：如果不做出改变，每天要加班2小时20分钟。

也就是说，如果不改变现状，他每天会白白多工作 2 小时 20 分钟，一周就是近 11.7 小时，按照 8 小时工作制计算，他一年就约多加了 70 天班！

Z 先生想，如果把这些时间用于和爱人、孩子相处，或用于发展个人兴趣和学习，生活该有多么的不同？

每当走到这一步时，大家都会感慨——原来生活"完全可以"变得更好，并且"很有必要"变得更好。

在上一章，你已经把自己的"问题之王"彻底拆分开，并在"现状拆分清单"中选出了核心子问题。

现在，请你把"现状拆分清单"中打"√"的核心子问题，填写到下图左侧的虚线上，并在右侧虚线上写出每一个子问题对应的子目标，之后算出每一个目标与现状之间的 Δ，填写在中间的红色三角形里。

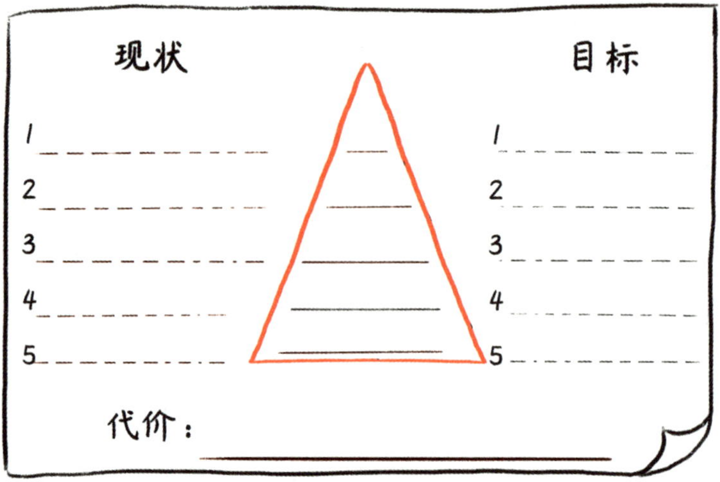

之后，请你根据算出的 Δ，在图的最下方写出如果不缩小这个差距会付出怎样的代价。你是否可以接受这样的代价？

### ◖ 你的生活是"他律"还是"自律"？

恭喜你找到了藏在"问题之王"背后的目标，也明确了不采取行动的代价，对于问题的解决来说，这真是了不起的成就！我想你此刻一定很有动力去实现目标，这是一个令人振奋的开始！

但是随着时间的推移，你可能仍会受到一些干扰。很多人在设定目标时心潮澎湃，过几天却感到热情消退，开始怀疑目标，甚至忘记目标。

请不要责怪自己，这些都是正常的现象。有所动摇的原因并不是你缺乏毅力，而是你还需要一些有效的方法来保持初心。

怎样才能始终保持对目标的初心呢？我在这里为你列出了 5 种方法。

**第一，有仪式感地确认目标——我决定"听自己的"。**

很多人在设定目标时都会抱着"试一试"的心态，就像点餐一样。但是，如果我们以这种随意的心态去对待目标，目标也会这样对待我们。

实际上，目标的设定是一个严肃的过程，是我们在自己面前树立权威的过程，换句话说，它在考验我们能不能"听自己的"。

你或许发现，完成老师、领导给的任务好像是天经地义的，听别人的话并不难；但是轮到自己为自己设定目标、提要求时，就觉得有点儿无所谓了，认为反正做不到也没有人知道。

这是因为，我们还没有在自己面前树立起权威——过着"他律"而不是"自律"的生活。

如果我们一边说要掌控自己的人生，一边又无法实现自己设定的目标，就很难达成自己的心愿。实际上，我们是最了解自己的情况的人，也是解决问题的关键执行者。你设定的目标一定比别人设定的更符合你自己的实际，也更贴合你的想法。

要想始终保持对目标的初心，就需要我们在问题面前把自己"问题管理者"的身份牢牢地立住，毫不动摇地立住，不受干扰地立住。我们设定目标之初的状态尤其关键，它的严肃程度如何，会直接影响我们接下来的执行效果。

如果你心中已有目标，不要急于实现，请先按照 SMART 原则把它工整地写下来。你可以把它读给自己听，讲给家人听，分享给团队听。当然，有人希望将自己的目标发布到朋友圈里，没问题，这些都是很有必要的"仪式"，将赋予你的目标特别的意义。

**第二，把目标放到离眼睛不远的地方。**

写下目标后，请确保它能时常被你看到。一个有效的做法是把目标明确地写在纸上，贴在你每天都能看到的位置，让它成为你潜意识中的风向标。

请确保在接下来的时间里，你经常看到的是"目标"，而不是眼前的"困难"。就像驾驶汽车一样，如果只盯着方向盘是没法儿开车的，只有把目光放得更远，才能看清方向。

**第三，每天花 2 分钟，"提前体验"目标实现时的喜悦。**

请你每天花 2 分钟想象目标实现时的情景，浮现在你脑海中的可能有某些人、某样东西、某些声音、某些色彩……你可以尽情发挥创意、大胆设想你到时候会如何庆祝自己取得了这个成果！

如果想象不出来，没关系，你也可以尝试这样问自己：

♪ 这个目标的实现意味着什么，能给自己带来怎样的价值？

♪ 这个目标的实现对实现自己的"人生大目标"有怎样的贡献？

♪ 这个目标的实现将对其他问题的解决带来怎样的积极影响？

♪ 这个目标的实现能为团队 / 家庭或他人带来怎样的好处？

不要吝啬对目标的憧憬，尽情地"提前体验"目标实现时的喜悦——它会把你带到你想去的地方。

**第四，回顾自己曾经战胜的挑战，重新确认自己的身份。**

有的人曾为自己贴上这样的标签：我什么事都干不成，设定目标也没用。他们经常想着目标实现不了怎么办，担心计划会像往常一样落空。

但请注意，我们的每一个想法都不是柔弱的。就像我们在第 2章所了解的，信念绝不仅是一个人所掌控的想法，信念是掌控人的想法。

每一个消极想法的反复出现，都会影响目标的达成。**不是因为困难重重而心生畏惧，而是因为心生畏惧才困难重重。**

请相信：你的目标已经符合 SMART 原则，肯定是可以实现的；你已经了解了小目标的力量，向前一点点就是成功。

每当你实现目标的信心因受到外界影响而动摇时，请想一想自己曾经战胜的挑战，想一想过去实现的目标，想一想自己的能力、优势和资源。这些都证明你是一个有能力的人，一个有毅力的人，一个言出必行的人；这些也都证明你不仅是一位卓越的问题管理者，还是一个幸运的人，你一定可以达成心中所想！

**第五，尽可能让过程变得美好。**

没有一条路无风无浪，实现目标的过程总会有不同程度的艰难。**如果一个人持续在煎熬中追求目标，除非有磐石般的决心，否则任谁都会有所动摇。**

为了保持最初对目标的热情，我们必须想方设法让过程变得有趣又美好。

在第 2 章，你已经完成了自己的"信念转换表""情绪管理工具卡""棒呆了词汇卡"和"棒呆了日记"。每当在实现目标的过程中心情低落时，你都可以用它们带给自己平静与快乐。

人生 = 创造 + 体验。除问题管理者之外，你还需把自己定位为

"幸福的创造者"，带着幸福去解决问题。因为幸福不是结局，而是过程。

对我们两位作者来说，虽然聚焦于问题解决已有 10 年之久，虽然有了很多解决问题的经验，但写书本身仍是一个艰巨的挑战。

写书的目标是一年前正式确定的，愿望强度为 100%。在确定了目标后，我们两位作者经常在一起憧憬目标达成时的场景：

这本书将是怎样的？封皮是什么颜色的？插图是怎样的？读者读这本书时是否感到轻松？这本书会为读者带来怎样的价值？这本书对已有的问题解决课程有怎样的启发？

提前体验到的目标达成时的喜悦是非常重要的驱动力。

要想让实现目标的过程变得美好，找到有趣的同行者也非常重要。

对于写作的宗旨，我们的共识是，必须愉快地写，而且这种愉快是一种"战略性愉快"。这是因为，如果把让读者在阅读时有美好感受作为目标，就需要我们在写作时也有美好的感受。还记得吗？"美好的思想无法与糟糕的感受同时存在"。

在缺乏写作灵感时，我们总是相互鼓励，一起面对，从未动摇写作的信心。每天我们都相约一起跑步，一边跑一边构思；有时候赶上下雨了，就打着伞高兴地跑，跑着跑着，天就晴了。

正在看这段文字的你也是一样，在解决问题、达成目标的过程中，请别忘了好好关怀自己，愉快地向前跑。

因为跑着跑着，天就晴了。

第7章

# 让目标顺利实现——
# 制定精准的解决方案

在面对棘手的问题时，人们往往期待找到解决方案。但也恰恰是在这一步，人们最容易不欢而散。如何才能激发问题解决项目团队的潜能，制定有创意、综合性强且具有执行力的方案呢？当遇到分歧时，我们要采用谁的方案呢？

在这一章中，你将了解 KSME 发挥作用的底层逻辑，掌握卓有成效的思考工具，制定出最有价值的方案解决实际问题，收获解决关系问题的独特方案，助力目标达成。

# 1　别怕：你的潜能足够，只需排除干扰

祝贺你已经有了明确且有效的目标，至此，解决问题不再是处理麻烦，而是达成心愿的旅程了！

- 也许你想拥有更热爱的事业，让叫醒自己的不再是清晨的闹钟，而是心中的向往。
- 也许你想拥有更温馨的家庭氛围，让每位家庭成员都迫不及待地想回家。
- 也许你想拥有更健康的身体，像孩子一样精力充沛，自在且快乐。
- 也许你想拥有更好的经济条件，让生活被自己喜爱的事物围绕。
- 也许你想拥有更好的学习表现，形成自己的知识体系，能独立地思考 。

无论你的目标是怎样的，**请相信，你的目标一定可以实现，因为本该如此！**如果目标暂时还没实现，请不要怀疑或否定自己，你只是受到了一样东西的影响。

## 一个公式，令你的付出卓有成效

过去 10 年的 KSME 问题解决实践，离不开以下这个重要的绩效公式。

$$P = p - i$$

Performance（表现）=potential（潜能）- interference（干扰）

请你在这个公式上停留一会儿，看看有怎样的发现。你是否察觉到了公式背后的逻辑？

我们常说的绩效高/低、关系好/差、脾气好/坏、成绩提高/下滑、睡眠良好/很差，都是一种"表现"。

这个看似简单的公式，揭示了一个重要的秘密：由于一个人的表现等于 Ta 的潜能减去 Ta 受到的干扰，而每个人的潜能又是充足的，因此干扰就成了影响表现的最关键变量。

也就是说，当潜能不变时，干扰越大，表现就会越差；而干扰一旦减少，我们就一定会有更好的表现——这就是表现的运行规律。

世界上最大的未开发疆域，是我们两耳之间的空间。

——比尔·奥布莱恩（Bill O'Brien）

每个人都能实现自己的目标，让自己的潜能被无限释放。如果目标还没实现，只是因为我们受到了干扰。解决问题就是排除干扰的过程，这就是 KSME 发挥作用的底层逻辑。

我在帮助他人解决问题时，几乎每次都会用到这个公式，也发现大家非常喜欢它，尤其是孩子们。

当我请他们在纸上写出这个公式时，我经常会见证孩子的状态的改变：有的人坐得更挺拔了，有的人抬起了一直低着的头，有的人的眉头舒展开了，有的人眼里闪着光……

孩子们说自己在遇到问题时，身边的人通常会指责自己不努力、不上进、不知感恩；但看到这个公式时，他们突然感到自己被"保护"了，不用再被指责了，连解决问题的氛围都变得不再紧张。

一个初三的孩子学习成绩明显下滑，中考前一个月，妈妈焦急地带着孩子来见我。当我请他写下这个公式时，他如获至宝，说："我知道问题出在哪儿了！"

接着，他列出了干扰自己的很多方面：与老师的矛盾、与同学的关系、与家庭的关系、手机游戏的影响，还有自己的学习安排问题。

我问，你打算怎么办呢？他说，不难，按照公式，我需要排除这些干扰！一个月后，孩子的父母惊喜地告诉我，孩子考上了某重点高中，这一结果远超他们之前的预期。

## 🔴 解决方案从 K、S、M、E 出发

你是否有过登山的经历？如果有，你登过的最高的山是哪一座呢？请回忆一下你当时是如何成功登顶的。

- ♫ 你是不是提前规划了路线？
- ♫ 你是不是了解了安全注意事项？
- ♫ 你是不是准备了必要的物品？
- ♫ 你是不是身体状态良好、有充足的体力？
- ♫ 你是不是有强烈的登顶愿望？
- ♫ 你是和谁一起同行？
- ♫ 当时的天气是不是很好？

一个人成功登上山顶，不仅需要明确的路线、必要的物品、健

康的身体，还需要良好的环境、安全的保障、伙伴的支持。任何一个环节做不好，都将对成功登顶造成干扰。

达成目标的过程与登山非常相似，都需要找出自己受到了哪些因素的干扰，并将它们一一排除。其实制定问题解决方案的过程，就是识别干扰、排除干扰的过程。

**那么，干扰到底有哪些？它们到底在哪里呢？**

现在请你思考一个问题：你的工作表现受到了哪些因素的影响？换句话说，你认为哪些方面改进后，你的工作表现会更好？

在为企业开设的 KSME 问题解决课堂上，我经常会请学员从妨碍"我的表现"的因素有哪些和妨碍"下属的表现"的因素有哪些，这两个主题中任选一个讨论。

大家普遍对这个环节很感兴趣，总是意犹未尽，看来我们平日里就高度关注这一话题了。不同的小组经过大量讨论后，得出的结果竟然惊人地相似。

对于妨碍"我的表现"的因素，讨论结果大多集中在以下方面。

- ♫ 分工不明确。
- ♫ 工作安排不合理。
- ♫ 工作指导不到位。
- ♫ 资源不充分。
- ♫ 流程不清晰。
- ♫ 标准模糊。
- ♫ 时间紧，任务重。
- ♫ 领导不认可。
- ♫ 同事不配合。

♪　公司激励措施不到位。

♪　沟通不畅。

♪　经费不够。

♪　同事关系复杂。

对于妨碍"下属的表现"的因素，讨论结果主要集中在以下方面。

♪　工作不够努力。

♪　态度不积极。

♪　没有上进心。

♪　知识面窄。

♪　能力不够。

♪　方法不得当。

♪　不懂得协作。

♪　一遇到困难就退缩。

**参与互动的学员中既有员工也有领导，他们站在不同的立场，得出的结果相差甚远。**当站在自己的立场上时，他们会更强调外部环境的重要影响；而站在领导的立场上时，他们更强调员工的个人因素。

在分享了彼此的讨论结果后，大家都惊讶于这种泾渭分明的差异，但最后也都能达成共识：影响一个人表现的因素，既包括个人因素，也包括环境因素，只是对于不同的人、不同的情况，两种因素的占比有所不同。

除了关注企业绩效，我还对孩子的学习表现做了大量的调研。很多家长认为孩子的学习成绩不好，原因在于孩子自身不努力，学习积极性差，学习习惯不好，学习方法不当等；可孩子更强调的是同学关系、家庭关系、师生关系、班级氛围欠佳等。

其实没有人是错的，"加起来"就是对的。当我们站在问题管理者的视角，**把每个人从不同角度看到的内容相加，就更能看到问题的全貌，更加接近真相。**

换句话说，把个人因素和环境因素合在一起，就构成了影响一个人表现的全部干扰，而解决方案所聚焦的就是如何排除这些干扰。

经常有人问，KSME 到底是什么意思？在制定解决方案的这一步，是时候揭秘 KSME 名字的由来了。

**KSME 其实是解决方案的通道，也就是排除干扰涉及的 4 个方面。**

根据托马斯·F. 吉尔伯特（Thomas F. Gilbert）的绩效改进理论和我本人的绩效老师奈杰尔·哈里森（Nigel Harrison）的绩效咨询理论，我们将排除干扰、找到方案涉及的 4 个方面归纳为 K（Knowledge，知识）、S（Skill，技能）、M（Motivation，动机）、E（Environment，环境），即表现 $P = f(K, S, M, E)$。

| K | 专业知识、通用知识 |
|---|---|
| S | 通用能力（情绪管理、健康管理、高效沟通、倾听的能力等）和专业技术能力（项目管理、软件开发、工程设计的能力等） |
| M | 包括内部动机和外部动机两个方面。内部动机来自一个人对事情本身的高度认同，外部动机是指来自外界的激励。后者通过前者发挥作用 |
| E | 与我们所熟知的环境因素不同，除了政策、资源、场地、时间、经费、流程、制度、工具设备外，人际关系、氛围、文化、支持与协作、指导与反馈等都属于环境的范畴 |

K、S、M、E 作为解决方案的入口，能够帮助我们尽量不遗漏地发现干扰。每排除一个干扰，我们就离目标更进了一步。

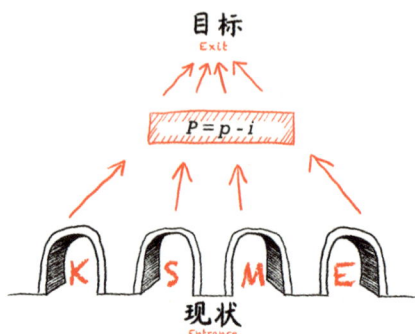

在上一章你已经完成了目标－现状差距图，图中右侧的目标将为你识别干扰提供重要抓手。比如，Z 先生的一个子目标是"报告不再返工"，那么他就需要对这个目标进行知识、技能、动机、环境方面的地毯式搜索。

作为问题管理者，如果你想解决的是员工、爱人、孩子、朋友或自己的问题，请你试着像下面这样问自己。

- ↗ 我们有什么必要的知识还不了解吗？怎样才能获得这些知识，离目标再近一点儿呢？
- ↗ 我们有什么必需的技能还没掌握吗？怎样才能获得这些技能，离目标更近一点儿呢？
- ↗ 我们达成目标的动机强烈吗？如何在达成目标的过程中持续激发动机呢？
- ↗ 我们还需要哪些资源（工具、经费、流程等）？还需要哪些人的支持与配合（氛围、文化等）？怎样为自己／他人打造最有利于目标实现的环境呢？

## ◑ 所有入口里，它排第一

在上面谈到的 K、S、M、E 中，到底是谁在发挥着最重要的作用？我们在第 3 章找到了问题之王，现在我们要用同样的方法，识别出"干扰之王"。

♪ 有人说 K（知识）最重要，比如一个人要开车，必须要掌握交通规则。

♪ 有人说 S（技能）最重要，懂得再多交通规则，不真正上路照样没用。

♪ 有人说 M（动机）最重要，懂交通规则、会开车，但要是不想开车，还是开不成。

♪ 有人说 E（环境）最重要，虽然懂交通规则、会开车、想开车，但路况太差或家里人不放心，最终还是没法儿开。

听起来各有各的道理。就像前面谈过的，面对别人的问题，我们容易归因为个人因素；面对自己的问题，我们容易归因为环境因素。

我们先不分析这些观点是"好"还是"不好"，不如先走进这 4 个通道，看看它们之间的联系。

**K 通道藏着知识。**知识往往是公开透明的，在网络时代只要动动手指就可以获得。对于企业，培训、宣讲、材料、网站上的信息共享等，都属于知识层面；对孩子来说，学校课程、家教、书籍、视频资料等，都储存在了 K 通道中。

总之，知识可以通过告知或者主动了解获知。想要排除 K 的干扰、从 K 通道找到解决方案并不难。

一位医学系的大二学生多科成绩不及格，面临着重修的风险。

他自暴自弃地说要退学，因为自己晕血，毕业后不想当医生。在他的认知中，医学系学生毕业后只能从医，只能从事与自己的专业直接相关的工作。

我引导他寻找身边的"标杆"和"谋士"（第 4 章提到的"值得学习、借鉴的人""解决过类似问题的人""有能力为问题管理者给予指导的人"）获知更多医学生就业的信息。于是，他找到了应届毕业的师兄、师姐和辅导员咨询，发现学医的就业面原来很广：不仅可以当医生，还可以留校当老师、做科研，到医疗行业的投资公司做顾问，到保险公司做专业理赔人员，还可以到药企做技术型销售人员，等等，社会上很缺这样的人才！

他说："眼前的问题好像突然消失了。"一周后，他就申请了再次补考。现在他已经顺利毕业，从事着自己热爱的工作。某些情况下，获知更多的信息就意味着排除 K 的干扰，为自己争取了更多选项、更多可能性。

**S 通道藏着技能。**技能是通过训练而习得的，把知识转化成技能是一个复杂的过程。比如你明明知道一道菜要怎么做，可做出来的菜仍难以令你满意；比如你明明了解时间管理的知识，可自己的时间仍难以得到合理的安排。可见，知易行难。

实际上，要想排除 S 的干扰，最重要的方法就是主动创造机会锻炼某项技能。假如你想学会开车，就需要多上路，在各种道路上接触复杂的路况；假如你想掌握情绪管理的技能，生活中的每一个场景都可以成为你锻炼的机会。

**M 通道藏着动机，**即做某件事的动力。在上一章里，我们量化了目标的愿望强度，也量化了目标如果不能完成会有什么影响（代价），这些都是在明确目标的意义，从而激发解决问题的动力。

虽然已经对目标达成共识，但解决问题就像完成一个项目，也许需要 2 周、3 个月甚至半年。如何保障问题解决项目团队中的人在这个周期内持续保持积极性、发挥创造性、积极落实解决方案，确保问题被彻底解决呢？

在达成目标的过程中，M 依然可能成为干扰，依然需要问题管理者重点关注。实际上，无论是激发自己的动机还是激发他人的动机，都具有挑战性，特别是激发他人的动机，需要你和对方之间具有高度信任的关系，需要你有足够强的影响力。

M 包括内部动机和外部动机两个方面。内部动机来自一个人对事情本身的高度认同。比如有的孩子喜欢跳舞、画画、打球，从事情本身找到了乐趣、自信、成就感，即使没有人催促也会自发地做。人们对待工作也是这样，有的人把编程作为兴趣，有的人对制作 PPT "上瘾"，对自己喜欢、擅长的工作欲罢不能，这就是内部动机。

不过，即使一个人有内部动机，外部激励缺乏或不当仍会影响内部动机的持续性和强度。比如一个孩子很喜欢画画，但如果总是得不到父母和老师的认同，就容易丧失创作兴趣；一个员工对某项工作充满热情，可如果自己的付出长期被忽视，也会导致积极性降低。

要如何进行外部激励呢？对小孩子来说，也许一根棒棒糖、一朵小红花、一个来自父母的拥抱就能激励 Ta。但对于大孩子和成人来说，激励就不是那么简单的事了。比如你说"好好干，完成任务后我请你吃大餐"，可是对方也许根本不想吃大餐；再如你想发红包作为激励，但对方需要的也许根本不是红包。

事实上，只有能满足对方需求的激励才能真正发挥作用。在第

4 章中，你已经完成了关系人需求表，了解了对方最看重的方面，而它们就是你给出激励的依据。

也许你担心无法给出物质激励，但根据马斯洛需求层次理论，不同的人有不同的需求侧重。除了第一层的物质激励，还有很多人看重的是自己的付出被看到、在团队中找到归属感、在执行过程中有成就感、被尊重和欣赏、得到晋升和提升能力的机会、拥有更大的个人发展空间、创造更大的价值……而高层次的需求往往是难以用金钱买到的。

**E 的通道藏着环境的力量。**假设一个人在做某件事情时具备了K、S、M，比如你想成就一番事业，有创新的技术和想法，却得不到家人的理解、找不到可靠的合伙人、缺乏政策的支持和充裕的资金、找不到支持量产的工厂……推动这件事就会变得很困难。

我们之所以在第 4 章画出人际生态图和关系人图，就是为了明确自己所处的 E，为调用 E 的力量做准备。

我们之所以要评估自己与重要关系人之间的关系，也是为了评估 E，看一看自己是否受到了 E 的干扰，进而着手改善它。之所以这样重视 E，是因为它在解决方案中占有重要的地位。

在我过去解决的大量问题中，既有与工作相关的问题，也有与孩子学习相关的问题。工作涉及各个行业、各个技术领域，孩子的学习也涉及各个科目、各个知识点。

必须承认的是，我在他们的专业领域（K+S）没有发言权，我往往聚焦于陪伴他们发现并排除 M 和 E 的干扰，找到综合性强且适合他们的解决方案。

还记得那位一年内提升 156 分的"问题学生"吗？他在高三一年与我沟通了 10 多次，其间从来没有问过我哪道题要怎么做。我所做的就是帮助他排除高考前的各种干扰，而绝大部分干扰恰恰集中在 M 和 E 上。

对所有人来说，M 和 E 都在发挥很大的作用。作为问题管理者，你会发现自己在这两个领域大有可为。

这也是在 KSME 的标志中，K 和 S 是黑色，M 和 E 是红色的原因。

## KSME

然而，在企业绩效问题、健康管理问题、孩子成绩问题、亲密关系问题中，我们往往会高度关注 K 和 S，忽略 M 和 E。

一位领导发现员工的积极性很差，于是经常给员工安排大量相关培训（K）、安排老师手把手教学（S），却收效甚微。他没有意识到员工积极性差与自己的激励措施（M）不当有关。他在下属表现差时公开指责对方，在下属表现好时不仅从不鼓励，还会指派更多工作任务，从而对高绩效表现进行了变相"惩罚"。

有的父母抱怨孩子的学习成绩很差，于是为孩子买了大量练习册（K），却从不认为自己在孩子写作业时看电视、玩手机，或不放心地紧盯着孩子（E），会严重干扰孩子在学习时的专注度。

深信"棍棒底下出孝子"的父母指责孩子爱撒谎，却从不认为孩子的不真实与自己对问题的过激反应（E）有关。没有人"爱"说谎，谁不希望挺直腰板表达自己呢？但失去包容的家庭氛围（E），会导致孩子不敢暴露问题、吐露心事，只能选择隐瞒。

关系、团队 / 家庭氛围、物理层面的干扰等，都属于 E 的范畴。强调 E 的重要性绝不是在推卸个人的责任。环境就是一个人的处境，它作用于人社会性的一面，以一种深刻的方式影响着每个人的表现。

解决问题也绝不是头疼医头、脚痛医脚的过程，而是需要拿出一个综合性的解决方案，尽可能为当事人排除所有干扰，让 Ta 达成目标的道路一马平川。

## 2　唯有重视每个人的贡献，才能达成共识

既然找到了解决方案的 4 个入口，也组建了问题解决项目团队，为什么大家在一起解决问题时仍会不欢而散？甚至自己为自己解决问题时，也容易感到痛苦和内疚？问题到底出在哪儿？

### ◗ 不追究原因也能解决问题？

一个朋友分享了他们家最近发生的一件小事。有一天，她发现家里防盗门的钥匙少了一把，全家人都觉得这是一件很重要的事，万一被人捡到了多危险，关键是钥匙上还写着她家的门牌号！

于是她赶紧发动全家人找钥匙。大家先找了公共区域，没有找到，开始有点儿着急了，都在说："肯定不是我弄丢的，我每次都把钥匙放到了固定的位置。""谁弄丢的？这么重要的东西都乱放！"

这时候声音越来越多："你在你的大衣衣兜里找找！""你在你的书包里找找！""我这里没有！""我这里也没有！"。氛围越来越紧张，**好像从谁那里找到，谁就是"罪魁祸首"一样。**

钥匙果真没有找到。

第二天，这位朋友决定做出一些改变：把目标设定为找到钥

匙，而不是找究竟是谁犯的错误。于是她和家人沟通："咱们一起玩个'找钥匙游戏'吧！不论是从哪里找到的，谁先找到，就给谁发个红包！"

话音未落，所有人都兴致勃勃地行动起来，有说有笑地寻找，最后家里的老人从自己的大衣衣兜里找到了钥匙——尽管昨天也翻找了这件衣服。

找钥匙的过程是不是和解决问题的过程很像？

我们在清楚了解决问题就是排除干扰的过程后，容易下意识地追问：是"谁"制造了干扰？到底该怪"谁"？这是"谁"的错误？

当领导看到下属出现失误时，他们容易这样找原因：Ta 为什么能力（S）这么差？是不是不够努力（M）？

当下属发现自己出现失误时，他们也会找原因：这是谁造成的？都怪领导没有给我培训机会／实践机会／必要的指导（E）。

你是否有过这样的经历？几个部门一起处理客户的投诉时，都在想方设法证明不是自己部门的问题。他们一边开会，一边害怕，担心一会儿领导就要批评自己了。于是开会的目标从"解决问题"变成了"证明自己没错"。

因为聚焦于追究原因，他们忘记了原来的目标，还在争执中制造出了新问题，于是不得不把会议时间延长，或增加会议频次；一旦问题长期得不到解决，会议就越来越多，陷入恶性循环……

你是不是感觉很奇怪？对于一个特定的目标，能够参与会议的人往往都是很有经验的，制定解决方案应该不是很有挑战性的事情，但为什么大家争论不休，甚至大动干戈呢？

现在请你重新设想一下，如果我们像发红包动员大家找钥匙一样解决问题，**不再追究是谁的错、不再追问原因，而是直奔方案，以上情景会有怎样的不同？**

当领导看到下属出现失误时，他会和下属一起商量如何补充必要的知识（K）和技能（S），了解下属的困难和想法（M），为下属营造良好的环境（E），帮助下属增强工作动力。

当下属发现自己出现失误时，他会想办法补充必要的知识（K）和技能（S），同时主动和领导沟通，获得必要的支持和帮助（E）。

当几个部门一起处理客户的投诉时，他们会明确"提升客户满意度"是共同的目标，他们会从公司整体角度出发满足客户的需求，调用各部门的资源（E），积极投入制定有创新性的解决方案。

在面向企业的 KSME 问题解决课堂上，我会邀请各部门的员工与领导以小组为单位一起解决问题。有的小组主动解决跨部门的问题，有的小组尝试解决公司层面的问题。

作为问题管理者，每个小组成员都有一种使命感，他们不会找原因、争对错，因为他们深知——**我们现在的任务不是纠正过去的错误，而是校正未来的道路。**

这些小组当堂共创的一些解决方案极具价值，有的直接被纳入企业案例库，在企业内推广。

因此，当你作为问题管理者解决自己的问题时，请不要纠结自己的错误，不用内疚——只寻找方案；当你尝试解决团队的问题时，请不要关注谁对谁错——只寻找方案；当你陪伴他人解决问题时，请不要让 Ta 感到你在挑 Ta 的错——只寻找方案。

你可能会担心，不追究原因也能解决问题吗？如果对方连自己有错都不知道，Ta 要怎么改正呢？

**其实当你直奔目标时，所有原因都以"干扰"的形式重新出现了。** 在安全、友善的氛围中，每个人都能意识到自己在哪方面还需要提升，但推动他们解决问题的不是负荆请罪式的愧疚，而是来自目标的动力。

## ⬤ 用发散的思维，找到富有创意的备选方案

K、S、M、E 这 4 个方面，帮助你确定了解决方案的框架，接下来你要做的就是在这个框架里加入方案。

这个过程受到每个人立场、信息、认知、能力、价值观念、格局、经验、资源等因素的影响，因此对同一个问题，不同的人制定的解决方案可能大不一样。

比如对于实现"改进家庭关系"这个目标来说，如果请爸爸、妈妈、孩子分别制定方案，估计 3 个方案会有很大的差别；如果他们都想劝说其他人采用自己的方案，很可能会发生争执。

**实际上，解决问题是一个探索的过程，它不是证明题，不存在标准答案。因此，解决方案只是达成目标的"假设"。**

当站在自己的立场时，每个人都发自内心地认为自己的假设是正确的，即"我是对的"。一旦认为自己的假设绝对正确，就很容易认为别人的假设"不对"或"不如自己的对"。

对方很可能也是这样想的！当 Ta 的假设被反驳时，Ta 会本能地抵触，要么不再参与讨论，要么想方设法证明自己是对的。

一旦进入这样的循环，我们就偏离了解决问题的初心。即使最终确定了方案，也很难有创意。集体决策将退化为大家都能接受的妥协，"假装"统一了思想，在执行时效果却大打折扣。

每个人的假设，都可能是 Ta 此刻得出的最好想法，都可能对解决问题做出贡献，但往往在不愉快的争论中被白白地错过，甚至有的人连提出自己的假设的机会都没有。

比如在讨论如何实现"改进家庭关系"这一目标时，孩子既是问题的重要关系人，也是解决问题的重要执行者，但父母往往用"大人说话，小孩不要插嘴"的命令，来终结孩子的表达。

在企业里、团队里、学校里、亲密关系中都是如此，经验多、权威大的一方更容易认为自己"是对的"，相信自己的假设最符合实际，认为自己的方案是标准答案。

实际上，针对一个问题的解决方案远不止一个。如果我们抱着"一定有更好的方案"的信念，寻找超越"你的"或"我的"的假设，一起碰撞出崭新的假设——"我们的方案"，它很可能是超出每个人想象的、一个非集体智慧所不能达的、真正有价值的方案。

在面向企业的 KSME 问题解决课堂上，原本一起解决问题的过程竟出乎意料地成了一次团建。当找到方案后，大家热烈地拥抱在一起，有的欢呼，有的合影，还有的相互留下联系方式。

这些真实发生的场景让我更加相信，解决问题不一定充满了痛苦、批评和严肃，它完全可以是一个愉快且高效的过程。如何让这样的效果真正产生呢？

我一般会以 5~8 人为一个小组，让他们共创解决方案。如果你是一个人解决问题，没有关系，你可以把自己当成自己的伙伴，这套方法也适用于你与自己对话。

作为问题管理者，请你首先宣布游戏规则。

♪ 只想方案，不想原因，也不想方案是否可行。

♪ 鼓励每一个人参与，按顺序轮流发言。

♪ 每人每次只说一个想法。

♪ 全程不能有任何批评、指责，鼓励大家提出大胆的想法。

♪ 在白板上或者大张的白纸上，记录每个人发言的内容。

♪ 鼓励后面的发言者基于前面的内容提出新想法。

♪ 如果没有新的想法，可以说"通过"，让下一位继续发言。

♪ 一轮过后，继续下一轮，直到没有任何人有新的想法。

接下来，请根据前两章梳理出的现状和目标，充分考虑如何从 K、S、M、E 这 4 个方面（尤其是 M 和 E）给予目标支持。

♪ 我们了解目标的价值所在吗？怎样激发每位关系人在过程中的积极性？

♪ 我们还需要哪些资源（工具、经费、流程、时间、政策等）？还需要哪些人的支持与配合（氛围、标杆、关系等）？怎样打造最有利于目标实现的环境？

♪ 我们有什么必要的知识还不了解吗？怎样才能获得这些知识，离目标再近一点儿呢？

♪ 我们有什么必需的技能还没掌握吗？怎样才能获得这些技能，离目标更近一点儿呢？

作为问题管理者，请你在过程中不断追问。

♪ 我们还有其他方法吗？

♪ 很好，还有呢？

♪ 除了这些，还有呢？

当完成上面的步骤后，解决"问题之王"的 备选方案 就已经出现在你的脑海中了。

接下来请你将这个大而全的方案填入下面的图中。如果你是一个人解决问题，尽可能把想到的方案全部列在图中，确保你的想象力在这里得到最大发挥（如果在填写中遇到困难，下一节有 3 个真实案例可供你参考）。

| K | 1 _____ 2 _____ 3 _____ |
|---|---|
| S | 1 _____ 2 _____ 3 _____ |
| M | 1 _____ 2 _____ 3 _____ |
| E | 1 _____ 2 _____ 3 _____ |

在这个过程中，你有怎样的发现？你是不是收获了许多出乎意料的主意，它们既大胆又有创意？其实这个过程就是我们常说的"头脑风暴"。

每一位成功的管理者，在凝聚群体智慧上都有自己独特而有效的规则。还记得绩效公式 $P=p-i$ 吗？作为问题管理者，你正是通过这种鼓励所有创新的方式，**为发言者排除了干扰（ $i$ ），使每个人的潜能（ $p$ ）得到充分发挥**，从而找到了最新颖、最全面的解决方案。

你在这样做时，就构建了一种"人人参与的文化"：每位发言者都能在你的引导下感到被尊重、被看见、被听见、被认可、被善待，他们会投入地展开思考，开放地分享自己脑海中的好主意。

通过这样的方式，你得到的就是一个全面的备选方案，是"我们的"而不是"我的"或"你的"备选方案。**最重要的是，对于最终方案，每个人都感觉到其中有自己的一份贡献，这将大大助推接下来的执行环节。**

# 戴上同色思考帽，选择最终方案

通过进行发散思维的头脑风暴，你已经得到了一个大而全的备选方案。在这个过程中，你追求的是创新，是数量而不是质量，当然也没有考虑方案是否合理、是否可行。

其实这个过程的目的，就是确保你得到有创意的、丰富的、全面的方案。接下来你要做的就是从中"寻宝"，从备选方案中"萃取"最有利于目标达成的方案。

这个过程和头脑风暴正好相反，是一个收敛的思考过程。

选择保留哪个，去掉哪个呢？大家各有各的想法，这个过程一不小心也会变成一场辩论赛。

你是否见过这样的现象？当一个人说出一个想法时，就有人马上说："不行，这个想法行不通！"接着，他开始发表自己的想法，同样被他人反驳。这样的现象特别容易出现在成员间相互熟悉的团队或者家庭中。

发生这种争执在很大程度上是因为，大家在"同一时刻"从"完全不同"的侧面讨论方案。

↗ A 根据 K、S、M、E 这 4 个方面，提出了一个创新方案。

↗ B 考虑到该方案好的方面，表示支持。

↗ C 考虑到该方案不好的一面，如实施困难，表示否定。

↗ D 同时想到了另一个方案。

照这样发展下去，很容易陷入僵局，大家也会失去提出创新方案的动力。

试想一下：如果同一时刻，A、B、C、D 从同一个角度展开思考，会是怎样的情景呢？

这里有一个有趣的思维工具可以帮助你呈现这个情景，它就是"6 顶思考帽"。6 顶思考帽是心理学家爱德华·德博诺（Edward de Bono）开发的一个思维方法，是指用 6 种不同颜色的帽子，来代表 6 种不同的思维模式。

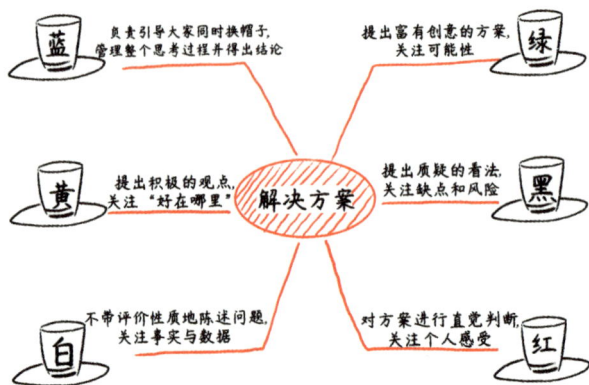

思考帽起效的关键是同一时刻所有人只能戴同一顶帽子，这也意味着同时从一种角度看待问题，即大家在同一主题下讨论。

其实在头脑风暴中，大家戴的就是绿色思考帽；作为问题管理者，需要始终戴着蓝色思考帽；在分析现状时，我们戴的是白色思考帽；现在你要用到的，是黄色和黑色思考帽。

作为问题管理者，解决问题的全过程就像导演一部大片，你是

有解 高效解决问题的关键 7 步

编剧，是导演，也是演员之一。

此刻，请你想象你正在导演一个场景：同一时间，所有的人都戴着黄色思考帽——考虑且只考虑方案"好在哪里"。

当大家戴上黄色思考帽时，你需要引导大家这样问自己。

- 这个方案好在哪里？
- 这个方案的优势是什么？
- 这个方案的可行性因素有哪些？
- 这个方案将带来怎样的成果？

通过戴上黄色思考帽进行交流，每个方案的优势就很清晰了。如果通过这样的方式找不到方案的优势，那么该方案就不值得被采纳，请直接淘汰掉。

对于保留的方案，作为总导演，请你通知大家集体换帽子，戴上黑色思考帽，一起考察方案的另一面。

黑色思考帽是对黄色思考帽的制衡，避免大家盲目乐观。戴上黑色思考帽能让你对方案进行谨慎的评估，致力于减少错误、降低风险。

当戴上黑色思考帽时，你需要这样问自己。

- 这个方案符合政策吗？
- 这个方案符合企业价值观吗？
- 这个方案的可行性强吗？
- 这个方案有什么风险？
- 这个方案的实施难度大吗？
- 实施这个方案需要的费用高吗？
- 这个方案能得到相应资源吗？
- 这个方案会得到支持吗？

↗ 这个方案会给他人/团队带来不好的影响吗？

当对所有方案都通过戴上黄色思考帽和黑色思考帽进行了讨论，分析了利弊之后，最终方案也就浮出了水面。

现在，请你回顾那个大而全的备选方案，把需要淘汰的方案划去，剩下的就是你的"最终方案"。我在这里为你准备了3个真实案例，仅供参考。

Z先生为自己"经常加班"的问题，制定了下面的解决方案。

| K | 1. 明确流程规范，减少返工；<br>2. 申请公司培训，学习如何快速培养新入职员工 |
|---|---|
| S | 1. 提升规范审单（业务）技能；<br>2. 掌握高效沟通的能力，提升与下属沟通的效率；<br>3. 加强对手机的管理，缩短使用手机的时长 |
| M | 1. 如果不改变现状，每天会多工作近3小时，相当于每年会浪费很长的假期；<br>2. 为了平衡工作和生活，增强幸福感，改善健康状况，很有动力地解决当前问题 |
| E | 1. 与下属商量在固定的时间统一沟通工作问题；<br>2. 使用项目管理工具，在线控制进度；<br>3. 不再时刻查看手机，在固定时间统一回复消息；<br>4. 信任下属，部分放手，加强团队协作；<br>5. 在条件允许的情况下，向公司申请进行流程创新，精简烦琐流程 |

Z先生的方案不仅覆盖了K、S、M、E这4个方面，还在E通道提出了"向公司申请进行流程创新，精简烦琐流程"的方案，从曾经的"说了也没用，什么也改变不了"，到决心最大化地发挥自己的影响力以改变现状——这是一个非常有力的转变。

以下是一家港口投资公司为解决运营短板问题制定的解决方案。

| K | 1. 做好项目复盘，积累切身的运营经验；<br>2. 加强行业研究、市场研究、对标企业研究，编制港口运营业务指导手册，加强经验分享与传承；<br>3. 聘请顾问指导业务开展 |
|---|---|
| S | 1. 依托现有项目快速培养运营团队，与运营合作方进行人才交流或人才联合培养，形成初步运营能力；<br>2. 通过收购、并购，快速完成运维能力打造；<br>3. 借鉴国际先进港口运营商的经验，进一步掌握港口运营现场操作与维护的作业方式 |
| M | 1. 如果不改变现状，将错失大量机会，影响企业品牌美誉度，影响企业战略的落地与实施；<br>2. 在外部激励方面，需建立效益导向的激励机制 |
| E | 1. 积累行业相关方资源，加强与国际头部企业的合作，构建行业生态"朋友圈"；<br>2. 发挥属地优势，通过和当地机构深化合作来拓展项目机会；<br>3. 借鉴国内优秀港口运营商的管理机制，打造适合公司特点的港口运营管理制度、流程体系、考核体系；<br>4. 增强公司全员的战略领悟能力，建立运营思维，打造公司运营商文化；<br>5. 后期通过媒体平台加强品牌宣传，提升集团运营品牌影响力 |

下面是一对冷战半年的夫妻为了改善关系，主动制定的解决方案。

| K | 1. 看书／上网，学习经营家庭关系的知识；<br>2. 填写关系人需求表，了解对方的需求；<br>3. 在人际生态图中寻找幸福家庭的标杆，与之交流学习 |
|---|---|
| S | 1. 掌握情绪管理的技能，保持理性、平和；<br>2. 双方都提升聆听能力；<br>3. 克服烟瘾，不在家里抽烟 |

| | |
|---|---|
| M | 1. 优化夫妻关系，进而改善亲子关系，为了实现一家人幸福快乐的目标，很有动力解决当前问题；<br>2. 在外部激励方面，夫妻双方彼此正向关注，并提供可感知的欣赏式反馈 |
| E | 1. 在家里不抱怨，改善家庭氛围，打造彼此欣赏、尊重的家庭文化；<br>2. 丈夫发挥自己的影响力，改善婆媳关系；<br>3. 优化朋友圈，使对方融入自己的圈子；<br>4. 调整家庭布置，让家庭空间更温馨 |

在下一章，我们会以这对夫妻的故事为例，进一步了解如何使方案落地。

## ◑ 谈不拢时，到底用谁的方案？

特别值得一提的是，没有哪个方案是完美的，永远会有更好的方案。因此，我们在解决方案的选择中难免会产生分歧。

通过运用头脑风暴和 6 顶思考帽，你已经最大限度地避免了不必要的争执和分歧。即使对最终选择哪个解决方案仍有分歧，也是深思熟虑后的分歧，并不见得是坏事。

如何释放这些分歧背后的价值呢？这里有一个重要原则——"谁的问题谁做主"。

↗ 如果解决的是你自己的问题，请用你的方案。

↗ 如果解决的是下属的问题，请用下属的方案。

↗ 如果解决的是孩子的问题，请用孩子的方案。

↗ 如果解决的是团队的问题，谁对团队负责，就用谁的方案。

总之，谁对该问题负责，就用谁的方案。"解铃还须系铃人"，问题所有者才是最主要的执行人。

我们的工作、生活中不乏方案，更不乏提出方案的人，但问题的关键是谁去实施方案、Ta 愿不愿意实施方案。

在家庭中，家长经常为孩子提出方案：你要这样做、那样做，选这个、不选那个……家长认为自己经验丰富，总想把自己的标准答案给孩子，帮孩子少走弯路。

在企业里，领导也经常为下属提出方案，把自己的经验倾囊相授。但我们有没有思考过，有多少人愿意完全采纳别人的方案呢？除非 Ta 是主动询问，真心实意地寻求指导。

一位女士说自己和爱人经常吵架，关系非常糟糕。在和朋友们聊起这个问题时，有人劝她"睁一只眼闭一只眼吧，你都这个年龄了"，有人说"把注意力转移一下，只当他不存在"，还有人劝她直接离婚。

当她找到我时，我没有给出任何评价或结论，只是专注地聆听，先陪伴她解决情绪问题，再让她进入理性思考状态，一步步澄清事实、拆分现状、发现代价。

她逐步明确了自己的目标并不是和爱人相互伤害，而是找回原来相爱的状态，与爱人一起更好地生活。当目标明确后，她很快就从 K、S、M、E 这 4 个通道为自己找到了综合性的解决方案。

沟通结束后，她很吃惊地对我说："就这个问题，我与 20 多个人沟通过了，而你是唯一没给我建议的人。"

每个人都最了解自己的情况，都有能力为自己做出最好的选择。也许在你看来你的方案更好，但即使是这样，也请不要把自己的方案强加给他人。

跟我一起算一笔账吧！如果你认为自己的方案好，Ta 认为 Ta

的方案好，实际上，你的方案确实是 100% 的好，Ta 的方案只有 80% 的好。你会选择自己的方案，还是选择 Ta 的方案呢？

假如你选择了自己的方案，让 Ta 去执行，Ta 真的会用 100% 的努力去证明你的方案是最好的吗？也许 Ta 会有点儿委屈和不服气，只做出 80% 的努力，最终的效果可能是 100%×80%=80%。

假如你说："好的，你的方案很好，就按照你的方案执行吧。"Ta 得到了你的信任，也愿意证明自己的方案足够好，也许会付出 120% 的努力，并在过程中对方案进行优化，最终的效果可能是 80%×120%=96%，是不是比用你的方案效果还好？

前面的章节都在强调"问题是谁的问题""目标是谁的目标"，这里同样强调"方案是谁的方案"，因为在问题面前，主体定位尤其重要。

# 3 小心暗礁——水面之下最容易被忽视的难题

对于 K、S、M、E 这 4 个通道，你已经了解到 E 是能让你大有可为的地方，而"关系"是 E 中最重要的方面。

我们日常生活中的问题大致可以分为 3 类：实际问题、情绪问题、关系问题。其中，关系问题隐藏在水面之下，影响力最大、最容易被忽视，也最难被解决。

比如：我的下属总是回避与我交流，我的孩子不爱和我说话，我的爱人动不动就和我争吵，我非常讨厌某个人，但还要每天面对

Ta……这些都是关系问题。

我们在第 2 章探讨了如何解决情绪问题，在本章的前半部分探讨了如何解决实际问题。现在，请你把目光放到关系问题上，看看如何为解决关系问题找到最佳方案。

悄悄告诉你，你有一个秘密账户！无论你是否意识到，**在你和一个人初次相识时，这段"关系"就自动设立了一个秘密账户。**

你的每一句话、每一个行为、展现出的每一份情感，都在向这个秘密账户存款或取款。存款可以建立、修复、改善关系，而取款使关系变得疏远——这就是"情感账户"。

## 情感账户

满足关系人需求的行为都可以视为存款，只是由于对方的需求程度不同，金额有所差异。比如，一份美食、一次道谢、一次道歉、一次投入的聆听、一次贴心的帮助、一个温暖的笑容……这些都是存款行为。

取款行为包括一句抱怨、一次批评、一句谎言、一个冷漠的回应、一个不合时宜的玩笑、一个推脱责任的借口、一次冲动的责备……

改变一个人很难，你无法控制 Ta 是否存 / 取款，但如果你想让这段关系变得更美好，你总是可以做些什么来主动存款、避免取款。

也就是说，**你无法改变一个人，但可以改变你们之间的关系，之后通过良好的关系来影响对方。**

随着情感账户存款的增多，你将获得更多来自 Ta 的理解、信任和支持，这种影响将是非常深刻的。当账户中的金额足够庞大，这段健康的关系就能够经历风雨，更加长远。

很多人并不了解情感账户的存在，因为它没有银行卡，也没有存折。但它无比真实，见证着人与人关系的走向。

一旦了解了情感账户的存在，你就会明白关系的发展并不是随机的；一旦你决定经营这个账户，你拥有的关系就会一步步朝着你想要的方向发展。

## ● 用好"零成本"的强大积分项——真心欣赏

此时你可能在想：关系人需求表中的需求那么多，每一项都能够存款，哪一项存得最多、最快？如何立竿见影地让情感账户变得殷实呢？

**实际上，有一个经常被我们误解或轻视，却又是"零成本"的强大积分项——真心欣赏。**

我有一位校长朋友，和他的一次谈话深深触动了我。他说自己从业 30 年间从来没有批评过任何一个孩子，不仅当面不批评，也从未在家长那里告过孩子的状；相反，当家长问起孩子的情况时，他总会真心赞美每一个孩子，告诉他们孩子又进步了。

他是孩子最喜欢的物理老师，在他班里待过的学生成绩经常是全校第一，甚至是全市第一。说起他的教学理念，他分享了陶行知先生"4 颗糖"的故事。

　　陶行知在做校长时，在校园里看到一个男孩正想用砖头砸另一个同学，于是及时制止，同时请这个男孩下午 3 点去自己的办公室。

　　为什么是下午 3 点，而不是马上呢？因为陶行知要调查一下情况，也让双方都平静一下。调查结果是，那个同学欺负一位女生，这个男孩看不过去，冲动之下就想教训一下他。

　　陶行知买了 4 颗糖装在兜里。他故意等男孩先到办公室门口，才缓步走过去。男孩战战兢兢，陶行知一见到他，就掏出了一颗糖："这是送给你的，因为你很准时，比我先到了，说明你非常守时。"

　　接着又掏出第二颗糖："这也是送给你的，我不让你打人，你立刻就停手了，说明你很尊重我。"男孩将信将疑地接过糖。

　　陶行知又掏出第三颗糖："据了解，你准备教训同学是因为他欺负女生，说明你非常有正义感。"

　　这时男孩已经泣不成声了："校长，我错了。不管怎么说，我打算打人都是不对的，我以后不打人了。"这时，陶行知掏出第四颗糖："你的想法太好了，我们的谈话也结束了，你走吧。"

　　这位校长朋友告诉我，他身上也总是装着几颗糖，看到哪个孩子表现不好或遇到伤心事，就送给他们一颗。每个孩子在收到糖时都很惊喜，因为这不仅是一颗糖，更是一份非常有分量的欣赏、信任、尊重、希望。有了这些，很多具体问题就迎刃而解了。

　　对犯了错误的孩子，不仅不批评，还给 Ta 甜蜜的糖果，是不是有些不可思议？此时请你想象一个场景：如果一个人不小心掉进坑里，那么坑里的这个人需要的是什么？下面的这些话语，我们也许并不陌生。

♪ 告诉你这里有坑，你不注意，掉下去了吧？

♪ 别人都没掉进去，为什么掉进去的是你？

♪ 你怎么又掉进去了？还不快点儿上来？

♪ 你再不上来，可没人能帮你！

♪ 你再不上来，后果自己负责！

没有人想掉到坑里去，每个人都想生活得更好，但作为生活的一部分，问题在所难免。简单观察一下职场和家庭的情况就会发现，在问题面前，我们身边从不缺少批评。但是有多少人是因为被批评而变得更优秀呢？如果批评真的管用，还用得着反复地批评吗？

再试想一下，如果不小心掉进坑里的人是你，你希望别人做什么呢？

♪ 是不是希望有人珍视你，问你伤到了哪里，疼不疼？

♪ 是不是希望有人牵挂你，问你在坑里是不是很难受？

♪ 是不是希望有人协助你，问你需要梯子或绳子吗？

♪ 是不是希望有人关心你，问你是否有信心爬上来？

♪ 是不是希望有人欣赏你，对你说你只是不小心掉下去了，你的闪光之处仍令人赞叹？

这就是美好关系所能带来的一种惺惺相惜的理解和关怀。作为问题管理者，你会非常重视重要关系人的感受和需要，也能够穿透表面现象，看到 Ta 的闪光之处，珍惜 Ta 的独一无二。

因为你了解：人与人之间的欣赏是巩固一切关系的基础，而真心欣赏就是情感账户里"零成本"的强大积分项。

欣赏的力量比我们想象的还要强大。每次在 KSME 问题解决课堂上，我都会问大家：你需要被欣赏吗？无论是企业高管还是基层员工，无论是家长还是孩子，无论是丈夫还是妻子，没有一位学员说自己不需要。

但有一次，一位集团总经理孤高地说："难道我还需要被欣赏吗？"大家尴尬地沉默了片刻。他接着说："要不现在试试？"于是在场的人会心一笑，开始围成一圈轮流表达对他的欣赏。

一番沟通过后，这位总经理哽咽了："我以前以为欣赏就是说漂亮话，没想到你们这样认真、具体地欣赏了我，说到我脊背冒汗，这几乎是我成年后第一次落泪——原来被欣赏的感觉这么好。"

他有感而发："我突然觉得特别对不起我的下属，我做过 3 个公司的总经理，大家都怕我，因为我对下属从来都只有批评，没有赞美。"

一位公司高管对员工写给她的欣赏如数家珍："一遇到不顺心的事我就把它们拿出来看一看，温暖一下自己。"每次见面，她都会提到这件事，也尝试把欣赏的文化带到了自己的家庭里。

一对第二天就准备办理离婚手续的夫妻，当妻子写出对丈夫的 8 个欣赏之处后，丈夫激动地抱紧了爱人："我以为自己在你这儿一无是处，原来你还能看到我这么多优点。看到这 8 条，我觉得我们的婚姻还能继续！"

这样的故事太多太多，它们都表明，几乎每个关系问题都与缺乏真心欣赏有关。

**需要特别留意的是，欣赏既不是表扬，也不是吹捧**。从某种层面讲，表扬是自上而下的，背后是"居高临下"式的评价；吹捧是自下而上的，背后是技巧式的讨好和奉承。欣赏则与两者都不同。

你有那么多优点，魅力四射、聪明伶俐、活泼阳光，

真希望你能看到我眼中的你。

——《摩登家庭》

**欣赏是一种"平视"的赞美和祝福**，它所滋养的不仅是单个的人，更是"关系"。是你的欣赏令对方感受到 Ta 的付出被你看见了，Ta 的美好品质被你确认了，"我在乎的人看到了我的好，并坦诚地告诉了我"。一种惺惺相惜的理解在你们之间流动。

## ◑ 为什么表达欣赏比表达批评更难？

在我们生活的环境里，表达欣赏似乎是一件令人难为情的事情，欣赏仿佛并不常见。我在 KSME 问题解决课堂上经常问大家在最近两周里赞美过谁，大多数人表示几乎没有赞美过别人，少数人回答赞美过自己的孩子。我也会问，最近的两周内谁赞美过你呢？此时，课堂上往往一片寂静。

**值得思考的是，为什么表达欣赏比表达批评更难？** 或许有两个原因值得考虑：一是我们看不到 Ta 的优点，不知道欣赏什么，或只关注结果，看不到对方的努力与付出；二是缺少一种鼓励、欣赏的氛围，令我们难以开口表达欣赏。

在上面这张图中，你看到了什么？

你可能会说看到了一个大圆，上面有一个小缺口。此时，你的注意力在哪里？是在小缺口上吗？

几乎所有人都和你一样。这是一个很大的圆和一个很小的缺口——这个缺口可能只占总体的百分之一。但是，它为什么容易成为我们关注的焦点呢？

或许是因为这里与其他地方不一样，没能符合你的期待。在关系中，这个小缺口就像某个人说错的一句话、做得不好的一件事。

我们在紧盯这一点时，就像在漆黑的夜里，拿着手电筒观察它一样——这时我们看到的，就不再是一个小缺口，而是一个醒目的大缺口，以至于无法看到它本是大圆的一部分。

每一个人都是立体的，有优点就一定会有缺点，但一个人的优点通常远远多于 Ta 的缺点。然而在关系中，仅有的缺点往往碾压了 90% 的优点，获得了 100% 的关注。

一个规律是，关注什么就在创造什么，当你高度关注一个人的某个缺点时，你就会发现 Ta 有一连串的缺点和许多对不起你的地方。

但当你把关注点重新放到大圆上，你会发现那个缺口远不能为 Ta "代言"，那只是这个人很小的一部分而已，Ta 有许多更美好的行为和品质值得关注，而当你向 Ta 表达了欣赏后，Ta 身上的优点也会不断被强化。

欣赏是巩固一切关系的基础。如果我们认为关系中的另一方毫无优点可言，自己不得不和一个"没有优点的人"相处，那么这段关系的双方注定彼此消耗。

在 KSME 问题解决课堂上，我经常见到下面这样的情形。

一位 CEO 说："两年前，我亲自招聘了一位优秀的毕业生，他自信又有才华。但随着时间的推移，我因为他在工作中的一点儿失误经常否定他，看不到他的优点，使他在我面前再也不像原来那样自信了。他在半年前申请了离职，至今我都感到非常遗憾。"

一位男士说："10 年前，我遇到一个很美的女孩，我鼓起勇气向她搭了话，后来她成了我的妻子。但忙碌的生活使我忘记了欣赏她，开始不自觉地挑剔她，我们的关系变得疏远……"

有的人苦思冥想，只能列出爱人的 2 个优点，却能轻轻松松列出对方的 20 个缺点。一位学员曾为 KSME 问题解决课堂贡献了一个金句："没有人能够通过指责他人获得幸福。"

当一个人表达指责与批评时，不仅会挖掘他人更多的缺点，还会感慨自己遇人不淑；但当你表达欣赏时，你会惊喜地发现——原来自己正在和这么优秀的人共事、一起生活。

无论是在职场还是在家庭中，真心的欣赏都相对匮乏，因为鼓励、欣赏的氛围往往是稀缺的。但作为问题管理者，你可以尝试在家庭或公司内部主动营造欣赏的氛围，逐步使互相欣赏成为你与其他成员的相处之道。

事实上，表达欣赏比表达批评更需要勇气。那么，我们要如何表达欣赏呢？表达欣赏最直接的行动就是赞美。

在 KSME 问题解决课堂上，一位女士说她为了完成一份重要报告加班了两周，付出了很多心血，对自己的成果和创新点也非常满意；可当她把报告发给部门经理后，只收到了 5 个字："辛苦了，谢谢。"她在交报告前对领导的反馈还是有所期待的，但部门经理的回复令她非常失望。

这位女士提出这个问题时没有抱怨，只是平静地讲述了自己当时的感受。部门经理听后很受触动，说他当时很欣赏这份报告，只是不知如何表达。我给了这位部门经理一个机会，请他重新给予反馈。于是，他在纸上写了下面这几段话，当场念给了这位女士听。

- 你这次的报告写得非常好，是多年来咱们部门的第一次创新。
- 报告分为 5 个部分，论证严密，我能看出你有很强的逻辑能力。
- 报告引用了很多数据，并用图表直观呈现，非常能说明问题。
- 报告格式清晰、语言简练，关注整体的同时还能兼顾细节，我想你一定付出了很多。
- 这是咱们部门最棒的报告，我打算将它作为模板。
- 这样的报告都可以作为公司报告的标杆了，我打算发给上级部门。
- 谢谢你，你为咱们部门赢得了荣誉！

听完部门经理的反馈，这位女士潜然泪下，她说这是自己入职 7 年以来最有归属感的一刻。这位部门经理的赞美之所以如此有力，与他遵循了下面的 3 个要点有关。

- 赞美要具体。他的赞美从行为层面开始，到能力和态度，再到贡献和价值，层层递进，让对方感受到赞美是具体而真实的。

♂ 赞美要真诚。他的赞美不仅体现在内容上，还体现在语音语调、眼神表情、肢体动作上。如果用半开玩笑的语气赞美，或是一边赞美，一边做无关的动作，赞美的效果就会大打折扣。

♂ 赞美要正式。他在纸上工整地写下了赞美之词，并在公开场合表达，赋予了赞美浓重的仪式感。

但这位部门经理遗漏了一个要点，即"赞美要及时"。如果他能在收到报告的第一时间就表达这种赞美，那位女士将会更早获得强烈的归属感。

这4个要点只能帮助我们初步表达赞美，赞美的最高境界是不由自主、表里如一，就像我们会自言自语："今天的天气真好啊！好美的花！"

赞美不需要浮夸的口才，有时你的眼神、动作、语言都会传达出你对 Ta 的欣赏，只要是发自内心的，就会有打动人心的力量。

一家企业的工作氛围出了问题，相互指责、抱怨几乎成了风气，开会时只顾找错、只挖缺点。他们决定改变，在解决方案中列出的第一项是在公司门口布置一面"欣赏墙"——欢迎大家在贴纸上写下今天谁做了一件什么事，并贴在墙上，公开表达对 Ta 的感谢或赞美。

有的同事说，自己只是顺手做了一件小事，没想到就在公开场合看到了他人对自己有仪式感的赞美，有的贴纸还是匿名的！就这样，大家感到自己越来越安全，越来越被善待，公司的氛围有了转变，互相欣赏的企业文化也逐渐形成。

除了企业，一些家庭也创新了自己表达欣赏的方式。有的家庭买了一个小白板挂在门口，像企业的"欣赏墙"一样用于收集可感知的欣赏；有的家庭设计了"家庭留言本"，用于写下对彼此温暖的问候，于是大家每天都像收信一样翻看小本子，希望找到给自己的"信"。

有的父母为了帮助孩子建立信心，每天都会写一张表达赞美或祝福的小纸条，悄悄放到孩子的文具盒里。孩子到学校后，一打开文具盒就能看到这张小纸条，感知到父母满满的爱与陪伴。

你欣赏你的重要关系人吗？你愿意尝试一下，主动表达自己对 Ta 的欣赏吗？

如果你愿意，请在下面的卡片里把你心中对 Ta 的欣赏和感谢写出来，然后剪下来送给 Ta 吧（你也可以 DIY 一张新的卡片）！这会令你对 Ta 的情感变得"可感知"，使你们之间的情感账户积蓄倍增。

To: _____

| 我对你的欣赏 | 我对你的感谢 |
| --- | --- |
| 1 | 1 |
| 2 | 2 |
| 3 | 3 |
| 4 | 4 |
| 5 | 5 |
| 6 | 6 |

在填写时，你可以这样问自己。

- ⤴ Ta 的什么习惯是我敬佩的？
- ⤴ Ta 的什么能力是我欣赏的？
- ⤴ Ta 的哪些品质是我认同的？
- ⤴ Ta 的哪些行为令我感到 Ta 很友好？

如果你暂时还不愿意，没关系，请不要勉强自己。你不妨先试着观察 Ta 积极的行为或品质，顺其自然。

## ◖ 相信而敢于托付：来到良性循环的入口

除了真心欣赏，情感账户还有一个强大的积分项——信任。请你回答下面的问题，评估你和重要关系人之间的互信程度。

- ⤴ 你信任 Ta 吗？
- ⤴ Ta 信任你吗？
- ⤴ 对方怎样做，你才能感受到被信任？
- ⤴ 同样，对方是如何感知到你对 Ta 的信任的？

在一次面向企业的 KSME 问题解决课堂上，一位财务经理看起来很忙，听着听着课就出去打电话了。下课后他主动找到我，说很不好意思中途出去处理工作，只是有些事情他实在放心不下。

我仔细了解了一下他在忙些什么，发现他在忙许多该由下属负责的事情：他交代了一位下属写会议纪要，因为担心下属写不好，所以仔细叮嘱其该怎么写，应注意哪些事项；下属写完后，他还会细致地检查一遍格式和细节，竟然每次都能发现错别字。

他抱怨下属工作不认真，入职 5 个多月了，连一个会议纪要都写不好；不断被批评的下属也越来越没有自信，各方面的表现都越来越差。两个人的关系很紧张。

这位财务经理一边焦虑地抱怨下属能力差，没有自主性，一边又包办了所有细节工作，一边听课一边指导工作，忙得焦头烂额。

问题到底出在哪里？

叮嘱如何写报告、检查报告格式、修改错别字……看起来好像都是关心下属的表现，但在下属心中，这意味着不被信任。让我们先来看看这张"不被信任"的循环图吧！

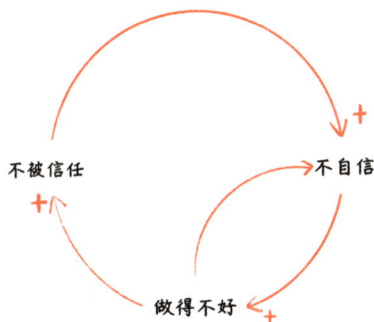

不被信任　　　　　　　　不自信

做得不好

♫ Ta 在感到不被信任时，会不会容易不自信？

♫ Ta 在不自信时，会不会很难把事情做好？

♫ Ta 做不好事情时，会不会更加不自信？

♫ Ta 做不好事情时，会不会更难被信任？

虽然大家常把"信任"挂在嘴边，但往往没有真正理解信任的含义。信任意味着**相信而敢于托付，重点在于托付**。

在面向企业的 KSME 问题解决课堂上，我经常设置这样一个环节：两人一组，相互交流"**如果对方是你的下属，你愿意把怎样的工作托付给 Ta**"。大家普遍认为当被委以重任时，会明显感到被极度信任。

第 7 章

让目标顺利实现——制定精准的解决方案

重任，不是指自己不想干的、麻烦的事情，而是指重要且有价值的任务，或极具挑战性、只有具备某种能力的人才能胜任的使命。

1997 年，我的第一次英文授课令我终生难忘。在我加入公司刚满 4 个月时，领导给我安排了一次英文授课，学员来自欧美地区。

当接到这样的重任时，我真是吓坏了！我担心自己的技术不过关，更担心自己的英文水平不够高，对英文授课充满恐惧。

我在第一时间找到了领导，问："领导，我行吗？"

领导毫不犹豫地说："你行，我相信你一定行。"一听到这句话，我好像被注入了力量，立刻放下了所有的借口、理由，此后再也没推托过这一任务。

假如领导对我没有足够的信任，而是来问我："给你安排了一次英文授课，你行吗？"我相信我的回答一定是："领导，千万别安排，我肯定不行！"那也就不会有后来的故事，也不会有此刻正在写这本书的我了。

得到领导的信任后，我暗下决心，告诉自己一定不辜负他的重托，并开始全力以赴地备课。两个月后，我顺利完成了人生中的第一次英文授课，还得到了学员的高度评价。

看到学员反馈的那一刻，我泪如雨下，为自己的付出而感动，更为领导给予的信任而感动。这件事大大增强了我的信心和成就感，促使我更有底气地往返于多个国家／地区授课。

现在，对应前面"不被信任"的循环图，让我们来看看当一个人"被信任"时是怎样的吧！

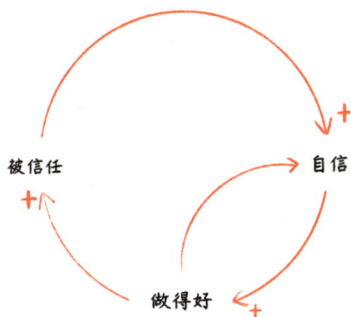

被信任 → 自信

做得好

+ 自信
+ 被信任
+ 做得好

⤴ Ta 在感到被信任时，会不会更自信？

⤴ Ta 在自信时，会不会努力把事情做得更好？

⤴ Ta 把事情做得更好时，会不会更被信任？

⤴ Ta 把事情做得更好时，会不会更自信？

这样就形成了一个良性循环，且它会不断升级。

但是，这个循环涉及"鸡生蛋，还是蛋生鸡"的问题：**是等他人出现值得信任的行为时再信任，还是先信任呢？**前文的财务经理及其下属的问题，该如何解决呢？

我建议这位财务经理先不要过度参与会议纪要的撰写工作，尝试把这个任务完整地"托付"给下属，看看会发生怎样的变化。

3 个月后，这位财务经理语气轻松地对我说，他最近工作得更游刃有余了，和下属的关系更好了，就连团队凝聚力都更强了！

我问他是怎样做到的，他说这期间自己生了一次病，有两周没上班，导致他不得不做好分工，把工作全权交由下属完成。不过，他在离开时正式表达了对下属的充分信任，休假期间也没有过问任何细节。

病愈后，他惊喜地发现下属的工作成果远超自己的预期。他特别提到，那位经常被他指导细节的下属，竟然主动去听公文写作课，现在写出的报告水平堪称一流！

这位经理很感慨地说，问题就是机会，他充分体会到了信任的力量，并且发现，**信任往往会带来双向奔赴的积极行为。**

信任能使关系和个人成长来到良性循环的入口，其对立面就只是"不信任"吗？事实上，信任的对立面还包含了一个常见的行为——轻易提建议。

有人说"我很信任我的丈夫"，但总在丈夫开车时指挥不休；有人说"我很信任我的孩子"，但连决定买什么颜色的衣服的权利都不给孩子。

**如果有人问，不花钱就能得到的最多的东西是什么？我很可能会回答：建议。**

生活中轻易提建议的例子比比皆是，小到建议别人喝什么饮料、穿哪件衣服、先吃什么、后吃什么，大到建议别人辞不辞职、定居于哪座城市……

你抛出一个问题后，很可能会立刻得到无数个建议。很多建议都是"零成本"的，它们的提出不需要经过调研、不需要经过思考，提建议的人甚至意识不到自己在提建议，就像吃饭、喝水一样自然。

但我们不妨停下来想想，建议到底是什么呢？

**结果令人震惊——建议就是"方案"。**为解决问题制定一个方案，这是多么复杂、困难和慎重的事情。

可是在日常生活中，有些人一开口就在提建议，下意识地劝说他人选择自己的方案。这样提出的建议是不是显得有些草率、不负责任？原本是一片好心，殊不知给他人造成了干扰，伤害了关系本身。

因此无论是对孩子还是对成人，在对方没有主动寻求建议时，我们都应敢于放手、敢于托付，敬畏双方的边界，让对方感知到被尊重，使 Ta 体验到要怎样对自己的选择负责，把本属于 Ta 的成长空间还给 Ta。

值得注意的是，"不轻易"提建议不等于"不能"提建议。只有在充分了解对方的情况后，经过认真地思索，在合适的场合、以对方能接受的方式、慎重提出的建议，才是真正有价值的。我们把这种建议称为"建设性反馈"。

10 年来，我始终把"不轻易提建议"作为自己在问题解决过程中坚持的最重要的原则之一。我始终相信每一个找我解决问题的人，我始终相信每个人都最了解自己的情况，都能为自己做出当下最好的选择，也都会为自己的选择负责。

在问题解决过程中，我从不把想法强加给任何人，因为我真心相信人人皆有所长，人人渴望成长，每个人都想变得更好，也都能变得更好。

我相信即使 Ta 哪里出错了，也只是暂时遇到了困难。我需要做的是帮助 Ta 排除干扰、发挥潜力，相信 Ta 一定能成为自己问题的最终解决者。

一次，在面向企业的 KSME 问题解决课堂开始前，企业的负责人说为了保证学员专心听课，要求所有人把手机统一放到一个固定的地方，即"停机坪"。我说如果这不是企业的规定，就不要这样做了。她好奇地问："您就不担心学生上课看手机？"我说："不妨先选择信任，看看结果会如何。"

课程开始时，我听到学员边笑边说："这次上课不交手机？"于是我在开场时说的第一句话是："我建议由你们自己管理手机，是因为我相信你们上课会积极投入，不会玩手机。你们值得托付，对吗？"大家异口同声地说："对！值得！"

课程进行中，我不断强化对他们的信任，每隔一段时间就会肯定一次大家的表现。长达一天半的培训，真的没有一个人在上课时玩手机。

其中一位学员分享，他目前最大的困惑就是随时随地都想玩手机，这已经严重影响了他的工作、休息以及对家人的陪伴。他没想到这次竟然把手机"管理"住了，这为他解决手机问题建立了信心。

信任本来是这次课堂的重点内容，但我并没有讲，而是让学员通过这样的方式体验到了被信任的感觉以及信任的力量。

最后我补充："我相信你们，很大程度上是因为我也相信我自己，基于课前的调研，我相信这些内容是你们需要的。"其实，每一份信任的背后都需要**一份能为事情托底的自信**。

面对下面的情况，你敢于选择信任吗？

↗ 下属出了差错。

↗ 你的爱人想要换一份工作。

↗ 你的孩子坚持从读理科改成读文科。

↗ 你的父母说想换个城市生活。

↗ 你上大学的孩子想休学一年创业。

↗ 孩子告诉你，他会自律。

这些都是我遇到的真实案例。当事人最终都选择了信任，并借由这份勇敢的信任使关系得到了改善。

**你信任你的重要关系人吗？你的重要关系人信任你吗？**

现在请你对自己与重要关系人之间的信任程度做个"体检"吧。请你按照下表中的 7 个维度，用 1~5 分为你们的信任程度打分，在"Ta 信任你"这一列，你可以自己假设对方会为你打的分数，也可以请对方亲自来打分。

## 信任程度体检表

| 维度 | 你信任Ta<br>（1-5分） | Ta信任你<br>（1-5分） |
|---|---|---|
| 1.你相信Ta最了解自己的情况吗？ | | |
| 2.你相信Ta是有能力独当一面的吗？ | | |
| 3.你相信Ta会为自己做出当下最好的选择吗？ | | |
| 4.你相信Ta能为自己的选择负责吗？ | | |
| 5.你相信Ta能信守承诺、保守秘密吗？ | | |
| 6.你敢于把非常重要的事情托付给Ta吗？ | | |
| 7.你相信Ta"想"变得更好，也"能"变得更好，拥有精彩的未来吗？ | | |

在填写这张表时，很多人深受触动，开始重新审视自己是否为对方留出了足够的空间，是否曾不小心给对方带来了困扰，是否为到达彼此向往的未来提供了足够的支持……

不过别担心，无论分数是高是低，它评估的都是过去的情况；在接下来的时光里，你可以通过某些可感知的行为，进一步提升彼此的信任程度。

接下来，为了让你的重要关系人感知到你的信任，你打算做点儿什么呢？

比如一位经理打算告诉下属，"我决定把这个有价值的任务全权托付给你，因为你在我心中非常有能力、非常可靠"；一位父亲说，他打算在孩子写作业时不再进屋查看，并告诉孩子，"你非常值得我和妈妈信任，你一定会为自己做出最好的选择"；等等。

如果你可以做点儿什么，那会是什么？请把你的想法记录在下方的横线上吧！

为了得到重要关系人的信任，你打算做点儿什么呢？那位得到信任的下属，为了提升业务能力主动听了公文写作课，后来成为骨干员工；那位得到父亲的信任的孩子有一天主动把手机交由父亲保管，令全家人大吃一惊。

如果你可以做点儿什么那会是什么？请你把自己的想法记录下来吧！

有解 高效解决问题的关键 7 步

## 最稀缺的能力：请别人多说，让自己多听

此刻请你想象一个场景，你正坐在安静的咖啡厅里和一位重要关系人解决问题，不过在对话中：

- Ta 多次打断你；
- Ta 经常把话题转移到自己身上；
- Ta 直接问你或猜测敏感的话题；
- Ta 轻易下结论，急于做出评价；
- Ta 很少回应你，或敷衍地回应你；
- Ta 不和你进行眼神接触；
- Ta 面无表情、姿势僵硬；
- Ta 时不时地看手表 / 手机；
- Ta 打哈欠、叹气、撇嘴、抖腿。

面对这样的重要关系人，你会想继续和 Ta 敞开心扉地沟通，一起解决问题吗？

作为一项基本的沟通能力，"聆听"经常被我们挂在嘴边。但事实是，真正愿意聆听、会聆听的人非常罕见，而且**聆听是问题解决过程中最重要也最稀缺的能力之一。**

围绕问题进行沟通并不是一件容易的事情，不是有人说、有人听就是沟通。如果我们没有表达欣赏的能力、换位思考的能力、爱的能力，就无法发挥聆听的作用。

一位高中生找我解决问题时，一开始说自己这次的成绩不理想，后来又说到和妈妈关系不好，再说到不太喜欢数学老师，最后谈到——他恋爱了。他说这是自己的大秘密，谁也没告诉过。

他的话题之所以能逐渐深入，是因为他发现无论自己说什么，

我都没有表现出惊讶，没有批评、指责他，也不急于指点他。他判断环境是安全的，才慢慢向我敞开心扉。

就像一间屋子一直门窗紧闭，有一天你特别想打开窗子透透气，你就试探着把窗户打开了一点儿，发现风不大，也没有雾霾，于是你把窗子开得更大；一旦你发现风太大或出现了雾霾，就会立刻把窗子关上。

沟通也是这样，沟通的深度与沟通的氛围直接相关。一旦我们在不经意间破坏了氛围，沟通效果就会大打折扣。作为问题管理者，你需要了解下面几项"聆听小贴士"，它们将为你的问题解决之旅保驾护航。

**多听、少说**。沟通时，如果你能做到多听、少说，那你就是一位专业的聆听者。少到什么程度呢？你可以遵循 8/2 原则：用 80% 的时间聆听，用 20% 的时间提问、反馈、澄清、说明。为了营造让对方愿意表达的氛围，你可以不断地问"还有呢"以让对话持续下去。请注意，"还有呢"不同于"还有吗"。一字之差，效果却天差地别。

**沟通时，注视对方**。每个人都渴望被"看见"，特别是当敞开心扉表达自己的观点时，会下意识地寻找对方的眼睛。在快节奏的互联网时代，我们容易忽略面对面沟通的价值——有的人一边听，一边看手机、看电脑，甚至看天花板，唯独不把目光放在对方身上。殊不知，这会让对方以为你对 Ta 谈论的话题不感兴趣，让 Ta 产生自我怀疑，甚至伤害关系本身。

**不在对方说话时想着自己一会儿如何提问或回答**。有的聆听者在聆听前就在心中准备好了答案，于是在聆听过程中选择性地听、"假装听"，这将使沟通陷入僵局。

**不随意插话、打断对方**。很多人在聆听过程中都抱着评判的心态，随时想要纠正对方，或者由于对方的表达触发了自己的灵感，就把话题引到自己身上，这将严重影响对方的表达意愿。

**不轻易下结论、不急于提建议**。如果没有深入聆听，没有充分了解情况，请不要急于发表自己的观点，对方不一定是来寻求方案的，Ta 可能只是想解决情绪问题，而不是实际问题。

**适当重复对方说过的一些语句**。如果我们能抓住"谈话中的樱桃"，适当重复对方的关键话语，会使对方感受到我们的尊重与投入，迅速产生亲和感。你也可以尝试提炼和概括对方的表达，尤其是在对方试图表达但又表达不清的情况下。

**聆听过程中，多进行阶段性总结和回顾**。一般情况下，大约15~20 分钟总结、回顾一次，确保双方在一个频道上。这些总结、回顾往往也是进行下一步的前提，比如"刚刚咱们对目前的情况进行了拆分，下面……"。

聆听是需要长期训练的能力，也是一种非常需要爱的能力。

如果条件允许，你可以尝试花 20 分钟"心无旁骛"地聆听自己的重要关系人，并在过程中运用这些"小贴士"。如果你真正践行了深度聆听的原则，你可能会得到意料之外的信息，你与重要关系人的关系也会更进一步。

作为问题管理者，你已经发现了解决关系问题所需的 3 项核心能力，它们分别是欣赏、信任、聆听。

实际上，这 3 项能力绝不仅是解决关系问题所需的，**它们对情绪问题及实际问题的解决也至关重要**。

无论是家人、领导、下属、客户，其实每个人在关系中的需求都并不多，他们并没有过多物质层面的需求，更多的是需要被理解、被尊重、被信任、被认可、被聆听。如果概括一下，他们需要的都是"爱"。

有人说，我感觉这些我都做到了，可孩子还是说我不爱 Ta，爱人也总是问我到底爱不爱 Ta。

实际上，"爱"或"不爱"不是提供者自己一个人说了算的，而是以对方是否"感知到"为标准。

剑桥大学的一项统计研究显示，人的一生平均会遇到 2920 万人，而成为家人的概率只有 0.000049。每个家庭都是因为爱而组建的，但有的家庭成员却感受不到爱意。

这里有一个基本原则：爱需要可感知，**重点在"可感知"上**。真心地欣赏与赞美、真诚地信任与授权、投入与尊重地聆听，都能提供大量"可感知的爱"。

不过，请你在提供可感知的爱的同时，也尽力主动去感知他人的爱。你的身边从不缺少爱，你只是需要提升感知爱的能力。"爱"本身，是许多问题得以真正解决的根本。

# 可感知的爱
Perceptible Love

《可感知的爱》

如果你问我，什么是可感知的爱？

我或许会这样回答：

爱是欣赏，是"平视"的赞美；

爱是信任，敢于把重要的事相托；

爱是倾听，是不打断、不挑剔、不唠叨；

爱是首先改变自己，影响他人；

爱是尊重的相待，爱是提供归属；

爱是一杯温水、一顿早餐或一句问候；

爱是撕下负面标签，使用美好的语言；

爱是理解他人的苦衷，接纳对方的局限；

爱是不轻易给建议，相信人人会为自己做出最好的选择；

爱是给人以自由，给己以自由；

爱是互为环境，彼此成就。

**8**

# 如果可以做一点点，那会是什么？落实行动计划

至此，你不仅把握了解决问题的原理（$P=p-i$），找到了解决方案的入口（K、S、M、E），还找到了解决"问题之王"的方案。恭喜你，你距离目标实现只有一步之遥了！

在这一章中，你将根据解决方案列出可落实的行动计划，并对行动计划进行过程管理——让自己的愿景真正变为现实。

# 1 谁先改变？

解决问题的最后一步，就是列出"行动计划"，通过实践对解决方案进行检验。行动计划，意味着一定要做一点儿不一样的事情，而这需要有人做出改变。

**那么问题来了，到底谁先改变呢？**

## ● 成为变化本身：首先改变的人最有力量

在 KSME 问题解决课堂上，我经常会听到这样的声音。

♪ 今天来的要是我的领导就好了，Ta 需要改变。

♪ 我的下属今天在场就好了，Ta 需要改变。

♪ 今天来的是我爱人就好了，Ta 需要改变。

♪ 要是我父母也来听听就好了，他们需要改变。

课堂上还经常出现这样的情景：不少学员边听课边拍照片，第一时间将照片发给下属或爱人，让他们根据照片的内容"好好学着点儿"。不难看出，很多情况下我们期待别人先做出改变。

的确，如果别人改变了，有了更好的表现，我们的心情因此更愉快，也许问题的解决会更加有效。但这只是我们对他人的期待。

你是不是在以往大量的工作和生活经历中发现，改变他人非常非常困难？如果一个人想方设法地要改变你，你会欣然接受吗？最终结果很可能是双方发生争执和冲突。毕竟，没有人愿意按照别人的方式和标准来改变自己。

你也许认为不是你一个人的错，甚至问题本身是对方造成的，为什么自己要先改变呢？首先改变的人会不会没面子？也许对方的想法和你一样，那大家都会被动地等待对方跨出第一步，谁也不主动提供变量，现状将继续维持下去。

实际上，改变的原则很简单：**谁想解决问题，谁先改变；而不是谁有错，谁先改变。**

一位女士抱怨新部门的同事们不爱与她来往，除了交流工作上的事情，没有一个人主动找她说话，她感到自己被孤立了。

当了解了改变的原则后，她发现既然自己很有意愿（M）去解决这个问题，不如先迈出一步。她从真诚地关心一位生病的同事开始改变，从帮助身边的人完成一件小事开始改变……

慢慢地，她用自己热情和积极的行动结交了 10 多位挚友，在工作中带给了许多同事归属感，出乎意料地成了部门里最有号召力的人。现在的她经常牵头组织部门里的团建活动，办公室在她的带动下越来越有人情味儿，她也成了领导的得力助手。

实际上，首先改变自己的人是不找借口的人，是不抱怨的人，是主动解决问题的人，是可以主宰自己的生活而不被他人或者环境主宰的人。

你的改变，让"冷战"停止；你的改变，让局面有所不同；你的改变，让工作更愉快、家庭更幸福；你的改变，让问题得到解决，让自己更有影响力……

不知不觉中，一切美好都围绕你而发生：他人随你而动，环境因你而变，一切变化因你而起——**首先改变的人最有力量。**

不过仍有人担心，如果自己改变了，他人不跟着改变怎么办？首先改变的人容易对他人充满期待或给他人压力，认为"明明我都改变了，你怎么还不改变"，纠结于继续改变自己的意义何在。

大部分情况下，我们在改变自己的同时会带动他人改变。但这并不意味着，只要我们改变自己，他人就必然跟着改变，也许 Ta 还需要一些时间、一些环境的支持。

我们需要冷静下来直面一个事实：在问题面前，必须有人先做出改变，这样才能为改变现状提供变量，才可能使问题得到解决。

作为问题管理者，改变自己，而不是坐等他人改变，是解决问题的必由之路和唯一方法。

## 你的影响力超乎你的想象

必须承认的是，我们很难改变他人，但这并不意味着我们无能为力只能望洋兴叹。

想一想，你特别想改变的是谁？他们往往并不是陌生人、不是与自己不相关的人，而很可能是你的家人、同事、朋友或者客户，因为你和他们处在同一个"系统"中，相互牵动、彼此影响。

每个人都同时属于多个系统，有大系统也有小系统。比如你所在的工作小组是一个系统，你所在的部门是一个系统，你所在的分公司是一个系统，总公司也是一个系统。你的家庭是系统，孩子的班级是系统，学校也是系统。当然，你自己也构成一个小系统。

此外，还有一些临时组成的系统，比如解决问题时的关系人就构成了一个系统，即问题解决项目团队。也就是说，我们的每一个角色都对应着一个系统。

在不同的系统中，人会表现出不同的行为，具有的影响力可能会大不一样。这里的影响力是指一个人对系统功能实现程度的

**影响。**

比如，家庭的功能是提供归属感和安全感、情感交流、亲子教育等，如果一个人能够通过自己的行动促进这些功能的实现，就说明他在家庭这个系统中的影响力很大。

现在，请你在下面的表格中对自己的影响力进行量化，看看自己在不同系统中的影响力有什么区别，思考自己想要提升在哪些系统中的影响力。

### 影响力自评表

| 你所在系统 | 当前影响力（1~10分） | 期望影响力（1~10分） |
|---|---|---|
| 家庭 | | |
| 部门 | | |
| 公司 | | |
| 学校 | | |
| 社区 | | |
| 社会组织 | | |
| …… | | |

当你完成这张表格的填写后，你可能会发现自己在某些系统中的影响力非常大，但在某些系统中的影响力较小。对于期望提升影响力的系统，你可以借鉴自己在其他系统中的经验，并结合自己在该系统中的特点来提升自己的影响力，促进系统功能的实现。

你也许会担心手中的权力还不够大，很难产生大的影响力。其实影响力与权力是两码事。权力是岗位或头衔赋予的，而影响力是个人赢得的，与个人的素质、能力、情感等多方面因素有关。

除此之外，**影响力还与一个人站在哪个系统中思考问题直接**

相关。

当一个人只站在自己的角度和立场思考问题，他的影响力就会被大大"压缩"；但当他站在系统的角度思考问题时，他的格局就会随之变大；如果他在更大的系统中看待问题，他的视野、胸怀也会更加宽广，所具有的影响力也会更大。

一位女士找到我说，部门来了一位集团安排的领导，老员工们都不接受这位新领导的工作风格，觉得他对公司的情况不了解，来了3周也没干什么实事，因此都不约而同地找这位女士说新领导的坏话。

我问："这么多人找你说领导的坏话，你是如何回应的呢？"她理所当然地说："我一般只是听着，偶尔附和一下，我也只能这样，不然还有什么办法？"

"大家都找你倾诉，说明大家非常信任你，也说明你是很有影响力的。另外，你所在的岗位很关键，你连接着这位新领导和其他员工。"她想了想："确实是这么回事！"

"大家都在背后说领导坏话、抱怨领导，会不会影响团队氛围和大家的工作积极性？作为部门的优秀员工，这是你想看到的局面吗？你愿不愿意通过自己的影响力，来成就这位领导？"

她非常惊讶：从来都是听说领导成就下属，还没听过下属能成就领导的！一番斟酌过后，她决定把目标重新设定为"营造良好的团队氛围，成就新领导"。在行动计划上，她决定先从"不参与大家的抱怨"开始，并主动给领导提供友好的建设性反馈。

后来这位女士真的通过自己的影响力，在两个月内扭转了局面。不仅团队氛围改善了，整个部门的绩效也提高了。两年后，她和这位新领导相继升职，现在都成了我非常好的朋友。

一位在国外求学的女孩本想加入大学内的学生社团，可靠奖学金生活的她即使每天奔波忙碌，也无法负担高昂的入团费用。她感叹："满怀期待而去，却被孤立和否定，我的绝望难以言说。"

但她没有因此止步。在同学和义工的帮助下，她组建了一个零费用的学生社团，对每一位前来申请的人说"yes"。这个新社团旨在帮助在校学生处理生活和学习中的麻烦，很快就吸引了很多学生，后来连校外职场人士也加入其中。

由于实用性、包容性和非营利性，这个社团的人数一度远超全校其他所有社团，成为当地最有影响力的公益组织之一。

无论是成就新领导的女士，还是创立新社团的女孩，都没有画地为牢、指望他人"救赎"自己，都没有低估自己的影响力，都通过首先改变自己把问题变成了机会。

> 君子求诸己。
>
> ——《论语·卫灵公》

事实上，问题管理者是不被动等待的人，是为了实现目标积极奋斗的人，是把幸福乃至命运掌握在自己手里的人。

如果你觉得自己的家庭氛围不好，那么你打算做些什么让家庭系统的氛围更温馨、让你们的交流更畅通呢？

请相信，你是完完全全可以改变这一切的，因为你是伴侣的爱人，是父母的孩子，是孩子的父母，是他们最在乎的人，你对他们的影响力超乎你的想象。

在工作中也是这样，如果你认为自己的团队无法协作，那么你计划做些什么让大家更愿意在一起工作，让这个团队系统更有凝聚力呢？

就像抱怨部门人情淡漠的女士，她从一个小小的改变开始，用自己亲切、幽默和积极的行动点燃了整个部门的热情，在工作中带给了每一位同事归属感。

从系统的角度来说，我们无法改变他人，但可以通过首先改变自己的行为，进而影响他人，而媒介就是良好的关系。请注意，这并不是退而求其次的无奈之举，也不是某种情怀或大道理，而是让改变真正发生的"原理"。

不过，要小心不要"反向应用"了自己的影响力。一个不屑的眼神，一个轻易得出的结论，一句不痛不痒的评价，一个转身离去的动作，都具有可观的影响力，都有可能"刺伤"关系本身，让目标遥不可及。

不要忘了，你能伤害的，往往是最在乎你的人。

---

## 2  想到就能做到：启用你的行动计划

---

很多人都有这样的疑问：这么严重、这么复杂、这么棘手的问题，需要费多大的劲儿，采取多大的行动才能解决啊？

实际情况真的是这样吗？

### ◐ 用小的尝试，成就轰轰烈烈的改变

很多人担心自己的行动计划不够科学、不够全面，因此迟迟不

开始行动。实际上，当你决定迈出第一步时，小的行动就会不断迭代并演化为大的改变。

一位体重超标已影响健康状况的女士，围绕环境（E）采取了6个行动，就在两个月内减重了10斤。以下是她为自己列出的行动计划。

- ♪ 换一套小尺寸的餐具（E）。
- ♪ 每天回家换一条路，不经过炸鸡店和奶茶店（E）。
- ♪ 每天定好防止久坐的闹钟（E）。
- ♪ 不再在家里囤放零食（E）。
- ♪ 把体检表贴在卧室门上（E）。
- ♪ 与临床营养师沟通一次（E）。

实际上，很多问题的解决并不需要轰轰烈烈的行动、大张旗鼓的改变，小的尝试就足以推动一系列转变发生。

- ♪ 他从每天少玩5分钟游戏开始，慢慢地学会了管理自己的时间。
- ♪ 他从每天跑50米开始，慢慢地恢复体力，5年后参加了全国马拉松比赛。
- ♪ 她从调整茶几的位置开始，使家庭空间功能逐渐扩展。
- ♪ 她从第一次说"No"开始，学会了礼貌地拒绝他人不合理的要求。
- ♪ 他从第一次对爱人道歉开始，使夫妻之间的话题越来越深入。
- ♪ 他们从为"黑白配"的办公室增加几盆绿植开始，使部门有了人情味。

在拟定行动计划的过程中，你不必负重前行，不必强求自己或

**他人一开始就采取大变革。**小的行动让一切不再静止，让整个系统泛起涟漪——一个接一个的小行动足以扭转乾坤。

如果你想改善家庭氛围，可以从为家里买一束鲜花开始，从每天对家庭成员说一句欣赏的话开始。如果你想提升工作效率，可以从下载一个管理软件开始，从与合作者的一次促膝长谈开始。

假如你在解决方案中提出要"更好地管理手机"，那么如何把这个方案落实到具体行动中呢？这与我们个人的经验、知识有关。

你可以回顾一下，自己是不是在某段时间很好地管理了手机的使用频率，是否积累了相关的经验？比如定时把手机放到抽屉里、卸载某个娱乐软件。你也可以参考网络上的方法，还可以与身边的朋友交流，看看他们有什么经验值得自己借鉴。别担心，所有的行动都是由你自己定义的。方向永远优于速度，只要是走在通往目标的路上，每一步都算数！

## 拟定清晰的行动计划，让改变发生

现在，请你设想这样一个场景。假如你想邀请一位朋友与自己相聚，如果你说："好久不见了，有机会咱们聚聚。"对方也许会回复："好的，期待相聚。"这样的约定，有多大可能被履行呢？

第二个场景，如果你说："好久不见，下周有空的话聚一下吧？"对方如果说："下周挺忙的，我尽量安排时间。"这个约定有多大可能会被履行呢？

第三个场景，如果你说："本周六或周日，你有空吗？咱们要不要聚一聚？"对方可能说："好的，我周六有空，上午 10 点在老地方见。"这个约定就基本可以被履行。

第三个场景和前两个的区别在于它清晰且具体，有明确的时间、地点，双方达成了共识，而且行动的愿望也很强烈，**这个约定本身就变成了双方的"行动计划"**。

拟定详细的行动计划，是问题解决过程中输出成果的一步。再好的方案，即使大家在聊的过程中已经达成了共识，并且都有改变的愿望，但如果没能落实到行动计划上，过几天就被忘了。

我在每一次的问题解决过程中，不论是一对一地帮助他人解决问题，还是在课堂上引导大家相互解决问题，最终的成果一定是一系列的行动计划，而且是由当事人自己列出的真心想去落实的计划。当他们带着计划高兴地离开时，我坚定地认为"他们的问题一定能够解决"。

行动计划看起来像任务清单，但它不仅是任务，更是希望，是达成目标的通路。有的人说自己经常制订行动计划，但就是执行不下去，比如：

- 对下属多些鼓励；
- 多看到对方的优点；
- 多和领导沟通；
- 多花时间陪陪家人；
- 少唠叨孩子；
- 多干点儿家务。

实际上，无论是谁，面对这样的计划都很难实施，**因为这并不是真正意义上的行动计划**。

一对夫妻的关系非常紧张，一年来因为孩子的问题冲突不断。当我和他们分别确认了目标后，发现他们都把"恢复亲密关系"作为第一位的目标。但非常可惜的是，他们目前的行动却与自己的目标背道而驰。

为了达成目标，自己能做些什么？丈夫列出的第一个行动是"尽量多聆听爱人的想法"。我问："怎样做才是多聆听呢？"他说："平时妻子一开口他就觉得烦，让妻子闭嘴，以后尽量听着。"

在了解到有效行动计划的原则后，丈夫把自己的行动计划改为"每周与妻子交流2次，每次不少于30分钟。"我问他的妻子，如果丈夫做到了，对夫妻关系的改善是否有帮助。妻子点了点头，腼腆地笑了笑。

妻子行动计划的第一条为"以后少唠叨丈夫"。最后她改为"不再随时随地唠叨，把想法攒起来，每周集中反馈2次，并与丈夫约定沟通的时间"。

当夫妻二人发现他们在这一点上步调竟如此一致时，激动地握了握手。丈夫说，这是他们一个月以来的第一次肢体接触。

实际上，有效行动计划需要包含以下方面，即"5W2H"。

- What：我们要落实的是什么行动？
- Why：我们为什么要落实这个行动？
- How：我们应该使用什么方法来落实？
- How much：我们计划用多少资源来落实？
- When：我们需要什么时候落实？
- Where：我们需要在哪里落实？
- Who：这项行动由谁负责落实？

同时，有效行动计划还要符合我们在设定目标时用到的SMART原则（见第6章）。

- 具体（Specific）
- 可量化（Measurable）

♫ 符合现实（Attainable）

♫ 与"人生大目标"相关（Relevant）

♫ 有时限性（Time-bound）

落实行动计划的关键在于弄清"谁"去执行，也就是弄清"责任人"。一个重要原则是，责任人一定是在现场参与讨论的人，并且是承诺要对这个行动负责的人。

每项行动都不能强加于人，一定是自己确定的或者自愿"领取"的，**一定是"我要做的"，而不是"要我做的"**。

如果某个行动需要不在场的人去落实，就需要再增加一项行动：参与讨论的人与不在场的人进行沟通，得到对方的认可后，行动计划才能生效。

在拟定行动计划的过程中，你可以像下面这样问自己、他人或团队。

♫ 我们为什么要落实这个行动？

♫ 我们行动的第一步是什么？

♫ 我们还可以做点儿什么？

♫ 由谁来落实？

♫ 什么时候落实？

♫ 在什么地方落实？

♫ 需要得到谁的支持？

♫ 落实这个行动有什么困难吗？

♫ 我们是真心想去落实这些行动吗？

♫ 我们有信心完成这样的计划吗？

现在你要做的，就是把刚刚找到的解决方案，落实到行动计划中。通过前几章对"问题之王"一步一步、脚踏实地地分析，你的行动计划将是一个系统涌现的结果。作为问题管理者，你会惊喜地发现——对于"问题之王"，你大有可为。

需要注意的是，**凡是需要落实的行动，无论多小，看起来多么微不足道，你都要把它列在表格中，不能靠记忆，也不要通过口头传递。**

| 行动 | 责任人 | 拟定完成时间 | 是否完成 |
|---|---|---|---|
| 1 | | | |
| 2 | | | |
| 3 | | | |
| 4 | | | |
| 5 | | | |
| 6 | | | |

总结回顾日期：

如果你在填写行动计划的过程中有疑惑，可以参考下面 2 个真实案例，它们都是学员在 KSME 问题解决课堂上列出的行动计划。

Z 先生为解决经常加班的问题，列出了这样的行动计划。

| 行动 | 责任人 | 拟定完成时间 | 是否完成 |
|---|---|---|---|
| 1.梳理现有流程规范，减少工作返工 | 本人 | 5 月 27 日 | |
| 2.下载项目管理工具软件，并学会使用 | 本人 | 5 月 28 日 | |

| 行动 | 责任人 | 拟定完成时间 | 是否完成 |
|------|--------|------------|---------|
| 3.建立素材库，供今后在工作中随时调用 | 本人 | 5月27日 | |
| 4.把手机放到抽屉里，不再时刻查看，每天10：00、12：00、15：00统一回复消息 | 本人 | 每天 | |
| 5.列出详细的工作清单，每天下班前列出明日重要工作清单，并粘贴在电脑屏幕上 | 本人 | 每天 | |
| 6.将"现状-目标差距图"贴在办公桌上 | 本人 | 5月28日 | |
| 7.提交培训申请，培训内容为快速培养新入职员工、实现高效沟通 | 本人＋培训部经理 | 6月3日 | |
| 8.每周为下属安排1次集中的工作问题解答活动 | 本人＋下属 | 6月3日起 | |
| 9.每季度与每位下属深度沟通1次 | 本人＋下属 | 6月11日起 | |
| 10.与领导约时间，就行动计划与领导沟通，得到领导的支持与配合 | 本人＋领导 | 6月1日 | |
| 11.写报告，向公司申请进行流程创新，精简烦琐流程 | 本人 | 7~8月 | |
| | | 总结回顾日期：8月31日 | |

　　一个家庭为了解决孩子成绩下滑的问题，列出了下面的行动计划。需要注意的是，每个人的行动计划都是由本人拟定的，包括孩子。

| 行动 | 责任人 | 拟定完成时间 | 是否完成 |
|---|---|---|---|
| 1. 只检查老师要求检查的科目 | 妈妈 | 每天 | |
| 2. 一天内唠叨孩子少于 2 句 | 妈妈 | 每天 | |
| 3. 孩子的房间，交给孩子自己管理 | 妈妈 | 每天 | |
| 4. 把孩子的书桌从客厅搬到孩子的卧室，让孩子独立学习 | 爸爸 | 3 天内（10 月 2 日前） | |
| 5. 定期与孩子沟通，每周 1 次，每次 15 分钟 | 爸爸 | 10 月 1 日起 | |
| 6. 每 2 周回一次家，每次待 3 天 | 爸爸 | 10 月 1 日起 | |
| 7. 列出学习方面的待办事项（包括预习、复习） | 孩子 | 每周周末 | |
| 8. 收拾书桌，优化学习环境 | 孩子 | 9 月 30 日 | |
| 9. 每天玩手机的时间少于 0.5 小时 | 孩子 | 每天 | |
| 总结回顾日期：10 月 31 日 | | | |

为了推动行动计划的落实，你可以把行动计划张贴在明显的地方。无论日常的工作多么忙碌，都请你在每天清晨开工前花一分钟看看它，想一想：今天我愿意为了实现目标做点儿什么？

# 3　执行起来有什么困难吗？

恭喜你列出了解决"问题之王"的行动计划，这真是巨大的收获！接下来你要做的就是让行动计划落地了。

有些人尽管列出了令人兴奋的行动计划，但很容易在刚开始时斗志昂扬，过几天就热情减退，再过几天就不想做了。

作为问题管理者，要想确保问题得到解决，不仅需要实施行动计划，还需要对行动的过程进行有效管理，跟踪问题解决的效果直至达成目标。

## ◐ PDCA 循环：让行动计划更具弹性、更有保障

在对行动计划进行管理时，一个实用的工具——PDCA 循环将助你一臂之力。PDCA 循环是沃尔特·休哈特（Walter Shewhart）首先提出的质量管理工具，共分为 4 个阶段——Plan（计划）、Do（执行）、Check（检查）和 Act（处理）。

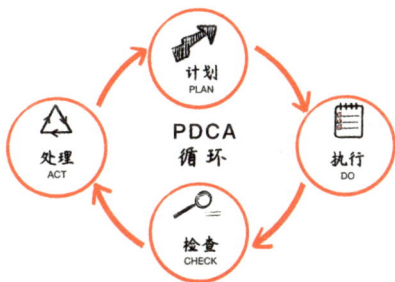

P（Plan，计划），是你已经拟定的行动计划；D（Do，执行），是执行行动计划时的动作。很多人认为完成这两步就够了，问题理应得到解决。但如果此时停下来，就意味着后续的两个关键步骤被执行者忽略了，而它们决定着问题解决的最终效果。

C（Check，检查），是总结计划执行的结果，检查执行是否到位，问题是否被解决或者部分被解决。

你可以每晚检查一下自己的行动计划的执行情况，在已执行

的项目上打"√"或画上特别的标志。检查的目的不仅在于督促自己，更在于激励自己。发现自己离目标又近了一点儿，任何一个小行动的成功落实都值得庆祝！

特别要提醒的是，**你需要检查的是"自己"的行动计划的执行情况，而不是每天检查、催促"他人"，否则容易给他人造成干扰。**

如果你在陪伴他人解决问题，也请你温和地提醒他人"自己检查"。无论对待下属、爱人还是孩子，都请你不要过度干涉他们的过程管理，而是"相信而敢于托付"。

另外，对于你的行动计划，你需要每周或者每两周进行一次大检查，回顾一下这段时间的计划执行情况：当你发现有的行动完成了，请用"棒呆了词汇卡"中的词语好好赞美一下自己！

**如果你发现有些计划没有按期完成，请不要自我否定或内疚，你可能是遇到了一些困难，或许需要调整计划本身。** 作为问题管理者，你一定可以把问题变成机会。

PDCA 的最后一步是 A（Act，处理），也就是采取行动、管理刚刚回顾的结果。如果你在上一环节惊喜地发现目标已经达成，恭喜你，问题解决过程全面结束！你可以进行总结并组织一个庆祝活动。这真的值得好好庆祝一下！

假如你发现问题还没有彻底解决，别着急，你可以问自己以下问题。

↗ 哪些已落实的行动对解决问题发挥了积极作用？

↗ 要怎样庆祝自己已经取得的成绩？

↗ 哪些行动对问题的解决具有长期的影响？

↗ 哪些行动执行起来挑战很大？

↗ 要不要对现有行动计划进行优化？

如果目前的行动计划不需要优化，你可以继续执行下去，重复PDCA 循环；如果你发现需要对行动计划进行优化，你可以为下一阶段拟定升级版行动计划，继续进入下一轮 PDCA 循环。

可见，相对复杂的问题不是仅用一次 PDCA 循环就能解决的，而是需要我们周而复始地运行该循环。一个循环结束了，一部分问题解决了，可能还有一些问题没有解决，那就需要进入下一个PDCA 循环。

也许你有了新的担忧：解决问题还需要经历这么复杂的过程？但请你相信，PDCA 循环不是停留在一个水平上的循环——每一个循环都上了一个台阶，都离目标越来越近，都将一步一步推进问题的最终解决。

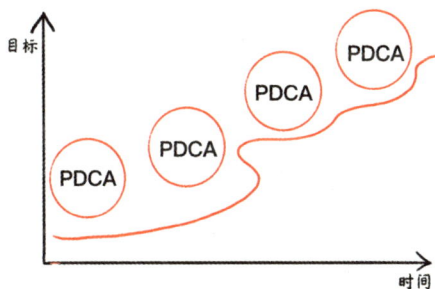

不仅如此，你个人解决问题的能力也将像上图一样，在一个又一个循环中迭代升级。

## 🔴 你的行动在"目标回归线"上吗？

网络上经常提到："时间都去哪儿了？"许多人都在感叹时间飞逝，惋惜无法逆转的衰老，埋怨时间的无情。

唯有一种人不同，他们认为时间是自己的朋友，是他们安放愿望的地方——这种人就是心怀目标的人。

作为问题管理者，当你有了目标，时间就有了归处。当其他人想的是自己皱纹深了，白发也多了，感慨岁月蹉跎时，你想的是自己在这段时间达成了多么棒的目标，实现了怎样美妙的心愿，增加了多少有趣的体验，定格了多少美好的瞬间。

虽然年龄增加了，但你的智慧和经验都在增长，你脑海中的愿景也一一变为现实——你把时间用得超值！

下面这张图，我把它定义为"目标回归线"：中间的线条可以看作你的目标，每一个红点都代表着你的一个行动。距离这条线近的红点，就是与目标一致的行动，推动着问题的解决；距离这条线较远的红点，就是偏离了目标的行动。

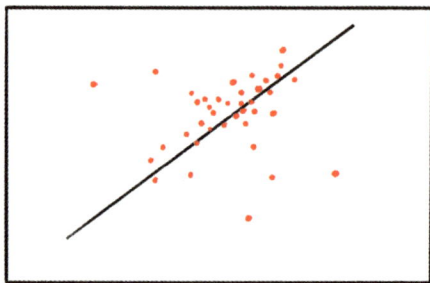

如果一个人的目标是身体健康，那么熬夜、久坐、吸烟、大量饮酒、暴饮暴食等，都是偏离目标很远的行动；假如一个人的目标是提升团队凝聚力，那么跟着同事一起抱怨、对同事冷嘲热讽、开不合时宜的玩笑等，都是远离目标的行为。

你的目标是什么呢？你的行动是否与它一致？

无论你为自己设定了怎样的目标，目的都是让自己越来越好、让他人越来越好、让关系越来越好，或者让事情本身越来越好。

而一旦把目标变成行动，这些行动本身就会成为我们工作、生活中的"日常"。

为了实现身体健康的目标，我们重复着吃饭、睡觉、锻炼的日常活动；为了实现成长的目标，孩子进行着上学、听课、接触社会的日常活动。经过一段时间的积累，我们的身体越来越健康，孩子们也渐渐成熟。

无论你从事什么职业、在什么岗位，你一定都积累了很多知识、能力、资源。但想想看，这些都不是在一天之内积累而成的，而是经历了一定的过程；当然，要让接下来的生活更美好，需要经历下一个积累的过程，也就是目标管理与行动计划管理的过程。

**围绕目标，你计划如何"投资"自己的时间与精力呢？**

很多人说自己的时间不够用，行动计划也因为"时间不够用"而执行不下去。如果你遇到了类似的情况，不妨尝试下面的方法：**每隔一个月选取一天，记录你在这一天中有哪些行为，能回归到哪一个目标上。**

利用价值罗盘（见第 3 章），你为自己设定了一些重要目标，如身体健康、事业发展、家庭幸福、学习某项技能等。在下面的表格中，你可以这样填写，如：7：00—7：30，我享用了营养丰富的早餐，回归到了"身体健康"的目标上；9：00 开工时，我列出了任务清单，回归到了"提高效率"的目标上；20：00—20：30，我与家人谈心，回归到了"家庭幸福"的目标上。

## 我的时间去了哪里（_____ 年 ___ 月 ___ 日）

| 时间 | 行为 | 目标 | 分类 |
|---|---|---|---|
| 5:00—5:30 | | | |
| 5:30—6:00 | | | |
| 6:00—6:30 | | | |
| 6:30—7:00 | | | |
| 7:00—7:30 | | | |
| 7:30—8:00 | | | |
| 8:00—8:30 | | | |
| 8:30—9:00 | | | |
| 9:00—9:30 | | | |
| 9:30—10:00 | | | |
| 10:00—10:30 | | | |
| 10:30—11:00 | | | |
| 11:00—11:30 | | | |
| 11:30—12:00 | | | |
| 12:00—12:30 | | | |
| 12:30—13:00 | | | |
| 13:00—13:30 | | | |
| 13:30—14:00 | | | |
| 14:00—14:30 | | | |
| 14:30—15:00 | | | |
| 15:00—15:30 | | | |
| 15:30—16:00 | | | |
| 16:00—16:30 | | | |
| 16:30—17:00 | | | |

| 时间 | 行为 | 目标 | 分类 |
|---|---|---|---|
| 17:00—17:30 | | | |
| 17:30—18:00 | | | |
| 18:00—18:30 | | | |
| 18:30—19:00 | | | |
| 19:00—19:30 | | | |
| 19:30—20:00 | | | |
| 20:00—20:30 | | | |
| 20:30—21:00 | | | |
| 21:00—21:30 | | | |
| 21:30—22:00 | | | |
| 22:00—22:30 | | | |
| …… | | | |

完成记录后，你可以在表格的最右列对这些行为进行分类，如将其分为工作、学习、沟通、娱乐、休闲、用餐、锻炼、家庭时光等。

从"分类"中，你可以直观地看到自己的时间花在了哪些方面。如果你发现自己的时间安排失衡，可以结合价值罗盘，优化自己的时间安排。

特别提醒一下，健康和家庭对每个人来说都有长期且关键的影响，但非常容易被忽略。因此请你务必为它们在每天的时间安排里保留一席之地。

当完成这张表格后，你会发现无论是过去、现在还是未来，都没有白走的路，每一步都算数。

你的每一个日常行为，都能对应一个宏伟的目标；许多看似

第 8 章

如果可以做一点点，那会是什么？落实行动计划

微不足道的行动，都是一种"战略性行为"，正把你带向你想去的地方。

因此在落实行动计划的过程中，你不妨这样问自己。

↗ 我今天要为实现目标做点什么？

↗ 我今天为实现目标做了什么？

↗ 我是否发现自己的执行力提升了？

↗ 我是否发现自己的影响力提升了？

↗ 我是否更欣赏自己了？

↗ 我是否感到自己得到了越来越多的信任？

↗ 我是否意识到自己已成为真正的问题管理者？

至此，你已经了解了拟定、落实、管理行动计划的全部内容。对于你的行动计划，你准备好掌控它了吗？

# 带上新地图，是时候出发了！

　　至此，你已经明晰了解决问题的思维、理念、方法、工具等内容。我们希望通过"问题之王"的解决，帮助你创建属于自己的问题解决地图。以后每当遇到问题，你都可以调用相应的资源，淡定从容地面对问题、解决问题，在任何情况下都做主宰问题的人，而不被问题所主宰，成为一名真正的问题管理者。

# 1 除了解决问题，你还掌握了其他东西

这本书，你已经快要读完了，我很荣幸有机会一直陪伴你。

回顾本书的内容，你注意到它的逻辑结构了吗？从第 3 章开始，你以"问题之王"的解决过程为线索，一步一步走完了解决问题的全程。同时，解决问题的每一步都融入了你所需要的知识、能力、方法和理念，让你可以一边思考、一边实践。

接下来，我们就一起回顾一下，你在阅读本书时收获的实用工具与"逻辑之外的力量"吧！

## 解决问题的利器：KSME 问题解决七步法

一个具体问题所包含的信息往往是离散的，因此在问题面前，我们会反复琢磨到底发生了什么，谁与问题有关，他们说了什么、做了什么、令当事人感受到了什么，当事人希望如何，环境条件如何……

实际上，人们平日里的这些思考极具价值。很多情况下，解决问题的答案就藏在这些看似无序的信息里。但是如果我们仅有这些信息，却缺乏从中提取有效内容进行重构的方法，这些信息就仍是孤立而零散的，无法支撑问题的解决。

因此，我们需要一个能将信息有效结构化的思维框架。你在解决"问题之王"时用到的方法被命名为"KSME 问题解决七步法"，它就像一张提纲挈领的网，能够对庞杂的信息进行归纳、分类、细

化、量化，把我们平时习惯使用的描述性表达转变为精密性表达，并将关键信息有序地组织起来，系统涌现出解决方案与行动计划。

通过对前文的阅读，你已经在不同的章节里详细了解并实践了 KSME 问题解决七步法，请允许我在此对它进行一个系统的介绍。

**第一步（对应本书的第 3 章）**：确定问题。作为问题管理者，你通过问题清单梳理出了当前面临的所有问题，通过价值罗盘和紧急重要模型的匹配找到了"问题之王"，也了解了两难问题的管理思路。

**第二步（对应本书的第 4 章）**：梳理关系人。在人际生态图与关系人图的协助下，你成功组建了自己的问题解决项目团队，发现了"关系决定结构，结构决定功能"。同时，你还明确了自己的双重身份——重要关系人与问题管理者。

**第三步（对应本书的第 5 章）**：明确现状。在描述问题时，你区分了观点和事实，撕掉了因高度概括而产生的负面标签，并将现状横向展开、进行量化，从自己的影响圈出发，让核心子问题浮出了水面。

**第四步（对应本书第 6 章的前两节）**：明确目标。你成功找到了藏在"问题之王"背后的目标，并设定了符合 SMART 原则的有效目标，同时也了解了自己对实现目标的愿望强度。

**第五步（对应本书第 6 章的最后一节）**：明确差距与代价。你计算出了现状和目标间的差距，量化了差距得不到弥补而产生的代价，为自己提供了达成目标的重要"推力"。

**第六步（对应本书的第 7 章）**：制定解决方案。你掌握了 $P=p-i$ 的绩效公式，开始从 K（知识）、S（技能）、M（动机）、E（环境）4 个方面为实现目标排除干扰，用头脑风暴和 6 顶思考帽工具，制定出了综合且有创意的解决方案。

第七步（对应本书的第 8 章）：拟定行动计划。你根据解决方案，列出了可落实的行动计划，并对行动计划进行了 PDCA 过程管理，确保问题能够得到有效解决。

以上 7 个步骤可以划分为 A、B、C3 个阶段。

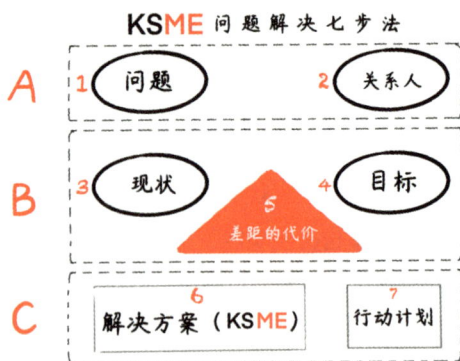

A 阶段，即第一、第二步，是"确定问题"阶段，也是解决问题的开始，它的功能是确保后面的工作更加聚焦、有的放矢、不偏离方向。

B 阶段，即第三至五步，是"分析问题"阶段。一旦我们忽视这个阶段，就会从问题直接到答案，进入草率行动的误区。

C 阶段，即第六、第七步，是"解决问题"阶段，需要我们制定解决方案以排除干扰，拟定行动计划以达成目标。

3 个阶段缺一不可，看似"解决问题"阶段最重要，其实"确定问题"和"分析问题"阶段更为关键。当问题被明确定义、被分析得足够透彻时，解决方案也就随之产生了。

## 逻辑之外的力量：7 个思维、7 个理念、4 种能力

在本书的尾声，我想再次"温馨提示"你的是，解决问题绝不仅是方法、技巧的运用——更是一场对心智的考验——包括对我们所秉持的思维、视角，我们所具备的勇气、信心和能力的综合考验。

因此除了 KSME 问题解决七步法外，我们也将解决问题所需的 7 个思维转换、7 个核心理念、4 种核心能力融入了本书的内容中，旨在帮助你掌握"逻辑之外的力量"。

7 个思维转换分别如下所示。

### 1. 从紧急到重要

问题管理者需要遵循"要事优先"的原则，不被紧急问题牵制，转而关注重要问题——特别是重要不紧急问题，同时对不重要的问题尽量放手，有所为有所不为。详细内容见第 3 章。

### 2. 从要素到关系

从高度关注个人的表现，到关注人与人之间的连接。系统中人与人互为环境，关系决定结构，结构决定功能。推动问题解决的往往不是权威，而是良好的关系，因此"敬畏关系"是问题管理者需要坚持的重要原则之一。详细内容见第 4 章。

### 3. 从观点到事实

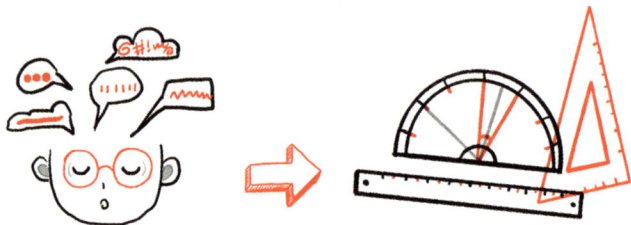

不是基于观点形容问题，而是基于事实分析问题。观点往往是高度概括而来的，因人而异，因此许多冲突和争执都发生在观点层面；当回归事实时，人们更能理性思考、客观分析，进入解决问题的最佳状态。详细内容见第 5 章。

### 4. 从问题到目标

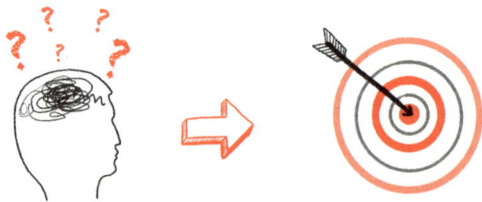

从问题思维到目标思维这一转换是解决问题的转机所在。问题思维关注的是过去和"不想要的"，看似在解决问题，实则在讨论问题，还容易产生指责、抱怨、内疚、悔恨等新问题；目标思维关注的是未来和"想要的"，只有把问题思维转换为目标思维，我们才能真正将问题变成机会。详细内容见第 6 章。

## 5. 从原因到方案

从追究原因到聚焦方案，让解决问题变得愉快且高效。追究原因容易使关系人一边解决问题，一边担心承担责任，不经意间就把目标从"解决问题"变成了想方设法"证明自己没错"。

但在聚焦方案时，人们会在安全的氛围中聚焦目标，更容易排除干扰、达成共识。不用担心，当直奔目标时，所有的原因都以"干扰"的形式重新出现了，只是不再针对个人。详细内容见第 7 章。

## 6. 从对立到共识

受个人角色、经历、视角、价值观等因素的影响，每个人的思维都有局限性。如果我们能在同一时刻从同一角度思考，并依次站在每一个角度，一起碰撞出"我们的方案"——它很可能是超出每个人想象的、一个非集体智慧所不能达的、真正有价值的方案。详细内容见第 7 章。

## 7. 从裁判到伙伴

在棘手的问题面前，不做"裁判"去评判对错，轻易给评价、急于下结论，而是成为彼此的"伙伴"，温柔且耐心地陪伴自己 / 他人解决问题。你想解决的问题一定与你有关，所以你需要把自己画进关系人图中，躬身入局，共建问题解决项目团队。这一思维转换体现在全书的各个章节。

7 个 KSME 核心理念也贯穿全书，你几乎在每一章都可以看到它们，解决问题的每一个动作也都与它们密切相关。

♪ 人人皆有所长。

♪ 人人都渴望成长。

♪ 人人都会为自己做出最好的选择。

♪ 不做裁判做伙伴。

♪ 问题就是机会。

♪ 方向永远优于速度。

♪ 改变自己，影响他人。

KSME 体系中还包括欣赏、信任、聆听、改变 4 种核心能力。从表面上看这 4 个词我们再熟悉不过了，但它们每一项都是稀缺的能力，都是值得敬畏的能力，都是因爱而生的能力。如果我们能真心欣赏自己和他人、敢于相信和托付、投入地聆听彼此的心声，并决定首先改变自己，许多问题都会自动解决。

以上提到的 KSME 问题解决七步法、7 个思维转换、7 个核心理念、4 种核心能力彼此贯通。KSME 作为一个解决问题的行知体系，使我们从身份层面向下贯穿，需要我们先确定"问题管理者"的身份，再把握解决问题所需的理念、思维、能力，从而在保持 KSME 状态的前提下，组建问题解决项目团队，利用问题解决七步法解决具体问题。

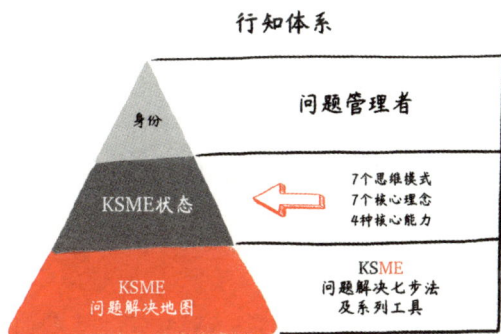

行知体系

问题管理者

7个思维模式
7个核心理念
4种核心能力

身份

KSME状态

KSME
问题解决七步法
及系列工具

KSME
问题解决地图

需要注意的是，可感知的 KSME 状态是连接问题管理者和问题解决地图的关键所在。只有转换了思维，坚守了理念，内化了欣赏、信任、聆听、改变的能力，保持了理性、平和的状态，我们才能使改变真正发生。

现在，让我为你把这张问题解决地图完整地展开。

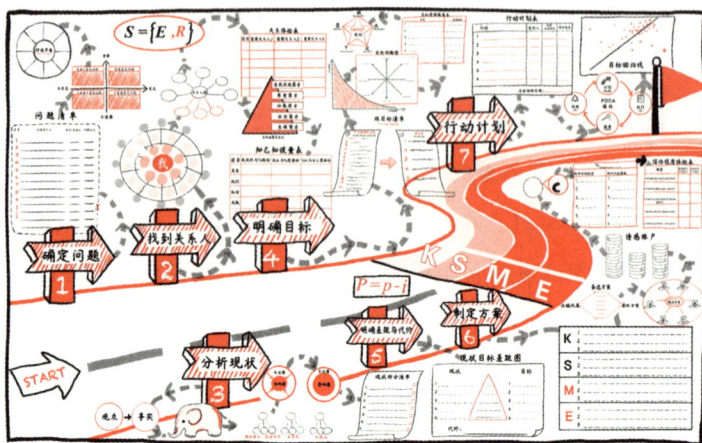

（更大画幅地图，见随书附赠折页。）

事实上，仅靠这张地图无法解决问题。如果没有主人，它只是工具和技巧的堆砌——只有在问题管理者的手中，这张地图才能发挥它应有的作用。

如果你感到这张地图比较复杂，请别有压力。我们一路同行到现在，相信你在阅读、思考和实践中有了自己的体会，你完全有能力检验、修改并完善它。如果你愿意在此基础上画出你的专属地图，我们将无比期待你的分享！

## 2 经典案例：棘手问题原来可以这样解决？

为了帮助你更好地迎接可能遇到的挑战，本节为你完整呈现了

3 个真实问题的解决过程，并对一些常见问题进行了答疑，旨在帮助你了解如何将 KSME 的思维、理念、能力、工具等融会贯通地用于现实问题的解决。

## ● 个人成长篇：积极性难以调动？一个 8 岁小男孩如此解决作业写得潦草的问题

小 Q 是一位小学二年级的男孩，学习成绩在班里属中上等。小 Q 最大的问题是作业写得非常潦草，经常被老师要求重写。这给小 Q 增添了很多负担，造成他对学习的兴趣下降。爸爸妈妈一直在帮助孩子，他们先后采用了 3 个办法。

第一个办法：唠叨和指责。每当发现小 Q 的作业写得太潦草，他们总是会对小 Q 说教一番，几乎每天都要唠叨、批评和指责小 Q。

第二个办法：陪写作业。小 Q 写作业的时候，他们就坐在小 Q 旁边，小 Q 写得不好就立刻指出来，让他重写。他们在陪小 Q 写作业时，经常控制不住情绪对小 Q 发火。

第三个办法：给孩子报书法班。奇怪的是，小 Q 在书法班上写得挺工整，但写作业时还是照样写得十分潦草，没有任何改善。

一个周末，小 Q 妈妈带着小 Q 在一家咖啡店与我见面。在正式开始之前，我注意到一个细节：小 Q 妈妈帮我点了一杯水果茶，又问小 Q 想喝点儿什么。

小 Q 说想喝咖啡，妈妈说不行，小孩子不能喝咖啡，喝咖啡对身体不好。小 Q 说，那来杯珍珠奶茶吧。妈妈又说喝珍珠奶茶不健康，让小 Q 和我一样，要一杯水果茶。两次被否定后，小 Q 显得很不高兴。（分析：妈妈没有给孩子自主选择的权利，在这里，喝饮料不是为了解渴或保持健康，而是为了营造解决问题的氛围，即"先善待情绪，再解决问题"。）

我："还是让孩子自己选择吧。"征得同意后，小 Q 点了一杯自己喜爱的饮料。

妈妈说小 Q 爱画画，还带上了画本。我坐到小 Q 身边，问他是否可以给我看看。小 Q 有点儿难为情，但还是从书包里掏出画本给我看。

我接过来仔细地翻看，称赞其中一只蝴蝶画得很美，色彩鲜艳、线条流畅，就像真的一样，简直要飞起来了！我边说边感叹。很明显，小 Q 被我的真心欣赏感染了，很高兴地与我分享画画的过程。（分析：话题从孩子的兴趣开始，这样的话题更安全，容易建立亲和感。）

这瞬间拉近了我和小 Q 的距离，我也得到了小 Q 的好感和信任。（分析：良好的关系是解决问题的基础。）

听完他的讲述，我赞美他多才多艺，还有好多朋友，真令人羡慕。他情绪突然低落下来，说自己因为字写得不好，天天被老师批评。（分析：孩子提出问题，说明孩子有主动解决问题的愿望，比旁人直接指出他的问题效果更好。）

我请他把作业本拿给我看看。语文作业本上，几乎每页都有老师用红笔批改的"重抄"两个字，这两个字写得很大。

我问他觉得自己写得怎么样，他不耐烦地说："不怎么样。"（分析：此处我没有对他的字给出"好"或"不好"的评价，而是让小 Q 自己来判断。）

我请他从一页作业中找出一个写得最好的字，并分析这个字好在哪里。（分析：不是找哪个字写得"不好"，而是找哪个字写得

"好"。)

　　我本来想带小 Q 多找几个好看的字，但确实找不出来，因为其他的字都写得歪歪扭扭。

　　于是我调整策略，带他看哪些字的某个笔画写得好，并用红色的笔圈起来。我们花了两分钟，竟然找出了 50 个好看的笔画，一页纸上画出了 50 个红圈。（分析：不只用语言，更用行动表示对孩子的欣赏，给孩子增加信心，让孩子看到自己有基本功。）

　　他看到自己居然有这么多笔画写得好，还得到了赞美，于是非常开心。我告诉小 Q，有这么多笔画写得好，说明你写字的基本功很好。我问他可不可以每页多写几个漂亮的字，他低着头不说话。

　　我问他写两个可不可以。（分析：让孩子自己确定目标，并且从小目标开始。）这时候小 Q 妈妈急了，她说："两个怎么可以，太少了。"（分析：家长想把自己的目标强加给孩子）

　　我示意妈妈不要说话。小 Q 轻声说："可以多点儿。"我说："5 个可以吗？"小 Q 妈妈立即不停地拉我的衣服，我给她递了个眼神，示意她不要说话。

　　小 Q 微微一笑，说："还可以多点儿。"我赶紧说："真棒！"小 Q 说："我每页可以写 20 个好看的字，而且从今晚就开始。"（分析：孩子的目标比我对他的期望更高，目标实现后孩子会更有成就感；方向永远优于速度，目标不怕小，只要能改变现状就是好目标。）

　　我问小 Q："写 20 个会不会有些困难？"小 Q 的回答很坚定，只有一句话，这句话让我记忆犹新："没问题，我想写好就能写好。"（分析：由此可见动机的重要性。）

　　过了一会儿，小 Q 有点儿担心地说："把字写好就会写得慢，这会减少我和朋友一起打球的时间。"我表示理解，和他一起分析："如果字写不好，会被老师要求重写，那么重写需要多长时间？"小 Q 说："30 多分钟。"我又问："每页写好 20 个字，需要多用多长时间？"小 Q 想了想，说："20 分钟。"

这时小 Q 恍然大悟——这样做，每天能省下来 10 多分钟！他像是发现了"新大陆"一样兴奋。我问他省下来的时间想用来干什么，他说想多打球。

妈妈按捺不住了，提议让小 Q 多做几道题或练练琴。（分析：家长总想把自己的想法强加给孩子，这样做会让孩子失去改变的动机，此处需要激发小 Q 的动机。）

我发现了小 Q 表情的微妙变化，于是和妈妈商量，把省下来的时间交给孩子自己支配，小 Q 这才松了一口气。

后来我请小 Q 自己列出具体的行动计划，并约定每周对行动计划进行总结、回顾。

第一条：爸爸要调整书桌的高度。

第二条：爸爸给小 Q 买一台护眼灯。

第三条：小 Q 自己每天记录写得漂亮的字的数量。

第四条：小 Q 写作业时，妈妈停止唠叨。

第五条：每天写完作业后，小 Q 把作业交给妈妈，由妈妈来表达可感知的欣赏。

第六条：小 Q 重新与小朋友约定打球的时间。

后来听妈妈说，当天晚上小 Q 的作业写得很认真。此后他的作业本上再没出现过"重抄"，而是出现了"进步很大"！

有解 高效解决问题的关键 7 步

# 亲子沟通篇：与高三"问题学生"家长的沟通记录

L女士是一位老师，但对自己孩子小T的问题却感到束手无策。小T是全校闻名的"问题学生"，正面临着被开除的风险。下面是我与这位家长的对话内容。

L女士："您好，我家孩子已经进入高考倒计时阶段，成绩很不理想。您有什么妙招吗？"

我："您好，请先把孩子的情况介绍一下吧。"

L女士："我儿子自控能力差，在学校总是犯小错误，比如穿错校服、迟到、上课趴在桌子上……他属于学校的'问题学生'，成绩在年级倒数100名。孩子有心提高成绩，但坚持不了几天，状态又变回来了。孩子很聪明，就是不往学习上使劲。看着他浪费青春，我很着急……您可否帮帮孩子？"（分析：家长一口气讲了很多，包含孩子的问题、对孩子的评价、孩子目前的情况、自己的心情等，在描述孩子的问题时，她说的大多是观点，但解决问题需要基于事实拆分问题。从她的描述中，我们可以筛选出穿错校服、迟到、上课趴在桌子上，成绩在年级倒数100名；这些事实可见，孩子的主要问题是"违反纪律"和"成绩差"。）

我："孩子违反纪律和成绩差这两个问题，您想先解决哪一个？"（分析：明确要解决的问题，找到"问题之王"。）

L女士："孩子都快被开除了，能不能毕业都是个问题。"

我："别着急，说说发生了什么。"

L女士："前天年级主任找我谈话，说孩子因违反纪律已经被扣1.8分了，扣2.4分就要被开除了。都快急死我了，要是他真的被开除，可怎么办？我天天给他讲道理，告诉他好好学习，不要违反学校纪律，他根本听不进去。最不能让人忍受的是，他根本没好好反省，竟然还上街给自己买了一套衣服和一双鞋，把我气坏了！我把衣服和鞋子都扣下来了，打算等他成绩进步再还给他。他犯了这么大的错误，一点儿悔改的意思都没有！"（分析：L女士描述问题时情绪比较激动，陷在问题里，纠结于为什么孩子不听话，担心孩子被开除。）

我："我理解您的心情，您给孩子选了好学校，自己工作那么忙，每周开车几十公里去看孩子，一切都为了孩子，您是很负责任的家长。"

L女士："我的付出不算什么，只是不知道怎样才能帮到孩子。"（分析：L女士被聆听和理解后，情绪稳定，开始思考如何帮助孩子解决问题，正所谓先善待情绪，再解决问题。）

我："您了解孩子此时的困难吗？您了解孩子的想法吗？"

L女士："我觉得他什么都不在乎，犯这么大的错误，还有心思逛街买衣服。"

我："即将被开除，孩子会有怎样的心情？您希望孩子怎样反省呢？有的孩子遇到挫折时会闭门不出或用消极的方式发泄情绪；但小T选择出去走走，买点儿喜欢的东西，这是不是在给自己解压，调整情绪？"

L女士："嗯，我还真没想过，原来还能这么想问题……"

我："您对孩子的评价是事实吗？比如懒散、没有上进心、不努力、没有毅力等，这些都是观点，说多了就给孩子贴上了标签。您说得越多，标签贴得越紧，慢慢地孩子也会认为自己是这样的人，甚至破罐子破摔，变成标签上的人。"

L女士："嗯……有道理。"

我："您真心欣赏您的孩子吗？"

L女士："欣赏？！欣赏什么？他哪里做得好能让我欣赏呢？"

我："您信任您的孩子吗？信任您的孩子想变得更好，也能变得更好吗？"

L女士："我心里真没底。"

我："您爱您的孩子吗？"

L女士："当然爱。"

我："孩子能感受到您的爱吗？"

L女士："这说不准。"

我："您想改变孩子吗？"

L女士："想，可是他不听我的。"

我："您想改变自己吗？"

L女士："我需要改变吗？一切都是为了他好，我付出的太多了。"

我："对于这些问题，当您的回答都是肯定的时，孩子会改变的。（分析：连续的提问引发了L女士的思考，激发了她的改变。家长在关注孩子的问题，陷在问题里，即产生了"问题思维"。此处我并没有过多关注孩子的问题，而是引导家长换位思考，理解孩子的处境、感受和困难。学习成绩差、经常被批评的孩子往往是缺乏自信的，提升孩子的信心是首要任务。KSME强调改变自己、影响他人，所以这次沟通的目标是让家长看到自己的 Δ 并做出必要的改变。一般的案例中，为了孩子家长是愿意做出改变的，这一点并不难。）

L女士："为了孩子我愿意改变，但如何去改变呢？"

我："从目前的情况看，孩子需要的不是批评和指责，更不需要惩罚。孩子最需要的是信心、目标感和学习动力。我们不要太关注孩子的问题，只需让孩子把注意力从问题转移到他的目标上。每个人都渴望成长，都想有好的表现，我们需要做的就是帮孩子排除干扰。"（分析：此处重点强调的是解决思路 K、S、M、E 中的 M 和 E。）

L 女士："是的，小 T 他不是一个坏孩子，他也希望自己能变得更好。"

我："经常被批评、被记录不好的表现等，会极大地打击孩子的自尊心和自信心。一个不自信的孩子，是很难有改变的力量和勇气的。要想改变孩子的情况，需要从改变环境做起，激发孩子的信心，而家长是孩子的重要环境。在激发孩子的信心方面，您认为自己可以做点儿什么呢？"

L 女士：他都没有优点，怎么能自信呢？

我："孩子学习成绩是年级倒数，经常被批评，还能每天坚持上学，从来不旷课，是不是很有毅力，抗挫折能力很强？"

L 女士："我从来没这么想过。"

我："孩子还有什么优点？"

L 女士："我想想，'善良'算不算？"

我："当然算，这是多么珍贵的品质！还有呢？"

L 女士："他还挺尊敬长辈的。"

我："还有呢？"（分析：在引导词"还有呢"的不断启发下，L 女士说出了孩子的 10 个优点，善良、诚实、勤奋、尊敬长辈、爱笑、乐于助人、团结同学、勤俭节约、爱好广泛、沟通能力强。）

L 女士："以前我从来没想过我儿子有这么多优点。"

我："太好了！孩子确实很优秀。您表达过对孩子的欣赏吗？"

L女士："还真没有，看来我真的需要改变了。"

我："真好。您的改变会带来孩子的改变，您觉得您可以在哪些方面改变呢？"（分析：每次谈话都需要进行总结，请L女士列出自己的行动计划，而不是告诉她要怎样做，L女士的目标是帮助孩子建立自信，她很容易列出自己的行动计划。）

L女士："我会真心鼓励他，再仔细找找他的优点，给他信心。把衣服和鞋子还给他，告诉他这是和您聊天的结果。"

我："太好了！其实爱孩子体现在各个方面：让孩子感知到您的支持、鼓励和无条件的爱，给孩子力量。任何情况下都不要否定孩子，都要看到孩子的优点，永远保护孩子的自信心。当孩子遇到困难时，他需要的不是批评，而是改变的力量和勇气。跟您沟通时，我能感受到您是很有力量的人，您一定能够帮助孩子渡过这个难关。"（分析：最后给L女士信心和力量，这一点很重要，在沟通快结束时不要显得太过仓促，要给对方留下美好的感受。）

L女士："谢谢您，和您沟通很开心。您愿意与孩子沟通沟通吗？"

我："好的，我找时间与孩子聊聊。不过请先征求一下小T的意见，问问他是否同意。"

L女士："他肯定会同意的，有了归还衣服和鞋子的铺垫，他会好奇是什么人能让他妈妈做出这样的改变。"

我："这么自信？您把我和孩子用衣服和鞋子连接起来了，高！"

L女士："我要真切地改变自己，才能让他相信您。"

我："相信您一定能做到，期待你们的好消息。"

后来，改变真的发生了。当天L女士就把衣服和鞋子还给了小

T。小 T 感到非常奇怪，因为依照妈妈的性格，被扣下来的东西是不可能轻易还给他的。妈妈怎么突然改变了？小 T 得知原因后，主动提出要跟我聊聊。

其实小 T 就是前文提到的想在高中毕业后开台球室的孩子。他在高三一年一直与我保持联系，我们就后续出现的成绩问题、同学关系问题、头发长短问题、考前焦虑问题进行了十余次沟通，我主要是帮助他排除 M 和 E 方面的干扰。

不到一年，小 T 的成绩提升了 156 分，他成了学校的"进步之星"，考上了自己理想的大学。

## ⬤ 绩效管理篇：令他失眠 3 个月的绩效问题是如何解决的？

在一次面向企业的 KSME 问题解决课堂上，我提前 1 小时到了会场，发现 H 经理在座位上静静地翻看教材。他看到我走进来，好奇地问："老师，这门课能解决我的问题吗？我的问题好像无解。为了这个问题，我失眠 3 个月了。"

原来令他睡不着觉的问题，是下属 M "糟糕的工作表现"。M 担任项目助理已经半年，但做的报表经常出错，好几次被 K 部门投诉，给本部门带来了不好的影响。H 经理多次找 M 谈话，但 M 的表现不仅没有任何改善，他和 M 的关系也越来越差，几乎无法沟通，M 甚至有了离职的想法。

我说："请你带着这个问题听课，看看你的问题是否能得到解决。"

当我讲到情绪问题、关系问题、实际问题三者的关系并请大家互动时，H 经理主动发言："我以前一收到投诉就生气，第一时间找 M 谈话，对他一通批评和指责，越说越生气，不仅没解决问题，还破坏了关系。现在想想，我确实忽视了 M 的感受，也忽视了关系本身对工作的影响。"

在欣赏互动环节，H 经理也发表了感慨："我几乎从来没赞美过任何人，连我的孩子都没赞美过。我过去认为做得好是理所当然的，做得差是不应该的。我突然觉得之前对 M 的批评太多、太狠了，估计他被打击得有些不自信了。在问题面前，人们需要的并不是批评和指责，而是可感知的欣赏。"

当我讲到聆听时，全部学员的目光投向了这位经理，似乎很期待他继续分享。H 经理说："我在公司 20 多年来参加了大大小小、不计其数的培训，几乎没有回答过问题。但今天我成了全班回答问题最多的人，是因为课堂氛围感染了我——无论是谁发言，大家都认真聆听、彼此欣赏，让我感知到了一种互相尊重的文化。"

当我分享完 KSME 问题解决七步法后，H 经理高兴地说："太好了！我的问题有解了！"

两天后 H 经理发来消息，告诉我他和 M 一起进行了一次高效且愉快的沟通，找到了解决问题的方案和行动计划。

首先，H 经理调整了自己的情绪状态，营造了安全的谈话氛围，并提供给了 M 可感知的欣赏，聆听了 M 的想法并了解了他在工作中的困难。接下来两个人一起按照 KSME 问题解决七步法，一步一步地开始解决问题。

第一步：确定问题。

把原来"工作表现很糟糕"的问题重新确定为"如何做出达标的报告"。

第二步：梳理关系人。

M 首先把自己放到了关系人图中间的位置，决定对这个问题负责。同时，H 经理把自己也画了上去，主动承诺要为 M 提供尽可能多的支持。

　　作为项目助理，M 需要与 20 位项目经理联系，搜集项目报告，汇总后发给 K 部门对接人，因此项目经理们和 K 部门对接人也出现在图中。L 是本部门的写报告高手，也加入了图中。在后续讨论方案时，他们还把 K 部门经理补充进图中……就这样，H 经理与 M 找到了问题解决项目团队的全部成员。

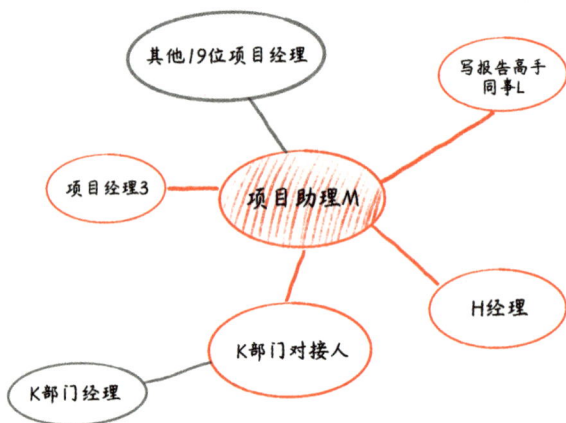

　　其中，重要关系人有 4 位。

⤴ 同事 L——对 M 进行辅导的人。

⤴ H 经理——对 M 进行支持的人。

⤴ K 部门对接人——经常投诉 M 的人。

⤴ 项目经理 3——每月不能按时递交报告，导致 M 做报告的时间被压缩的人。

　　第三至五步：明确现状、目标、差距与代价。H 经理与 M 画出了下面的表格。

| 现状 | 差距与代价 Δ | 目标 |
|------|-------------|------|
| 报告数据准确率为70% | 差距：27%<br>代价：影响整体报告质量，影响个人能力提升和个人发展 | 10月达到97% |
| 报告没有任何数据分析，评分为0分（总分10分） | 差距：8分<br>代价：影响整体报告质量，影响个人能力提升和个人发展 | 10月输出一份有数据分析的报告，评分达到8分 |
| K部门每月投诉1次 | 差距：1次<br>代价：影响部门声誉，影响跨部门协作，影响团队氛围和个人幸福感 | 10月达到0次投诉 |

第六步：制定解决方案。

在共创方案的过程中，H经理意识到他的注意力只放在内部管理上，他本人与K部门经理很少沟通，K部门对接人经常投诉本部门，他作为部门经理如果能主动加强两个部门的沟通，将为下属打造一个更具支持性的工作环境，有利于问题的解决。于是他们围绕K、S、M、E列出了下面的解决方案。

| K | 1. 主动了解报告的具体要求；<br>2. 主动学习数据分析方法 |
|---|---|
| S | 1. 提升数据分析能力；<br>2. 提升报告撰写能力；<br>3. 提升沟通能力 |
| M | 1. 激发内在动力：成就感、报告的价值；<br>2. 提供外部激励：尊重、欣赏、信任 |

| E | 1. 加强 M 与项目经理 3 的沟通，及时得到报告；<br>2. 加强 M 与 K 部门对接人的沟通；<br>3. 加强 H 经理与 K 部门经理的沟通；<br>4. 对 M 进行全方位的支持与督导（建设性反馈）；<br>5. 改善部门氛围，增强团队协作和凝聚力 |
|---|---|

第七步：拟定行动计划。

| 序号 | 行动 | 责任人 | 拟定完成时间 | 是否完成 |
|---|---|---|---|---|
| 1 | 向 M 讲解报告的具体要求和数据分析方法 | H 经理 | 9 月 15 日 | |
| 2 | 连续一周，每天做一次小型数据分析，在实践中提升数据分析能力 | M | 每天 | |
| 3 | 每周完成一篇报告，提升报告撰写能力 | M | 每周一次 | |
| 4 | 针对报告质量进行及时反馈，正向关注，多提供可感知的信任与欣赏 | H 经理 | 持续 | |
| 5 | 报名参加公司的线上沟通培训课程 | M | 9 月 19 日 | |
| 6 | 与项目经理 3 就及时递交报告问题进行沟通 | M | 9 月 22 日 | |
| 7 | 与 K 部门对接人沟通 | M | 9 月 20 日 | |
| 8 | 与 K 部门经理沟通 | H 经理 | 9 月 16 日 | |
| 9 | 安排写报告高手 L 对 M 进行伙伴式辅导 | H 经理 | 9 月 17 日 | |
| 10 | 每季度安排一次部门团建活动 | H 经理 | 9 月 24 日 | |

总结回顾时间：

2020 年 9 月 25 日

有解 高效解决问题的关键 7 步

仅仅 3 个月后，H 经理发现 M 不仅报告撰写能力提升了，沟通能力、时间管理能力等也跟着提升了。后来，M 成功胜任了自己的新岗位，也成了 H 经理最得力的助手之一。就这样，他们一起把绩效问题的解决变成了一次彼此成就的机会。

## ◐ 10 个常见问题答疑：翻旧账？不愿沟通？难以知行合一？

1. 所有问题都可以用 KSME 来解决吗？

KSME 是一套专为企业绩效管理（项目管理、人才培养、团队建设、跨部门协作等）开发的问题解决体系，之后逐渐扩展到家庭建设（亲密关系、亲子关系、家庭沟通等）、教育（成绩提升、性格培养等）及个人成长（能力提升、职业发展）问题的解决，不适用于法律、医学等问题的解决。

需要特别说明的是，若遇到精神、心理问题，建议到专业机构寻求帮助，以针对身体情况得到最佳治疗方案。

2. 在问题解决过程中是否需要做记录？

建议对每一步都做记录，留下解决问题的痕迹。

做记录有助于我们每一时刻只聚焦于一步，比如在确定问题时只确定问题，在分析现状时只分析现状，按照解决问题的最短路径理清思路，避免重复思考。同时，做记录能够可视化解决问题的全过程，便于日后复盘。

3. 一个完整的解决问题的过程，大约需要多长时间？

解决一般的问题需要 40~60 分钟；对于复杂的问题，可以把解决问题的过程分为几次，每次 1~2 小时，期间可以调研、搜集资料等。

不过，并不是所有问题都要严格走完 KSME 问题解决七步法的流程才能解决。对于一些比较简单的问题，我们按大致思路予以善待即可。

4. 明确目标后，为什么要先得出 KSME 解决方案，而不直接列出行动计划？

KSME 解决方案是行动的方向，对其进行细化就得到了行动计划。如果跳过制定方案这一步，比如下属绩效不高，人们通常只想到要提升下属的工作能力，却容易忽略同事关系、上下级关系、团队氛围等对其的影响，或者忽略要激发其动机，这样就会导致行动计划碎片化。

解决方案相对大而全，但因为经过了头脑风暴，可能会损失细节；行动计划少而精，但容易损失全局观和创新性。为了结合二者的优势，更全面、系统地解决问题，我们需要先根据 K、S、M、E 这 4 个大的方面制定解决方案，然后再列出具体的行动计划来落实方案。

5. 为什么解决方案是大家一起制定的，而行动计划却要由个人拟定？

为了让问题解决过程富有创造性，找到最佳方案，我们需要调动每一个人的积极性共创"我们的方案"；但是，行动计划最终要靠个人落实，为保证个人的执行力和行动意愿（M），最好由当事人自己来确定行动内容与细节。

如果拟定行动计划仍然延续共创的方法，也要确保当事人"我要做"而不是"要我做"，否则将导致分工不明确和责任感被削弱。

6. 不追究原因也能解决问题？不知道错在哪里不就无法改进了吗？

在问题面前追究是谁的错、为什么错、错在哪里，往往是大家在解决问题时不欢而散的主要原因，这不仅会令当事人紧张、想逃避或自我保护，也无法真正解决问题。

"我们现在的任务不是纠正过去的错误，而是校正未来的道路。"原因是过去的，目标是未来的，因此当问题管理者不翻旧账、直奔目标时，所有的原因都以解决方案中"干扰"的形式重新出现了。

也就是说，我们不是忽略原因，而是把"原因"转化为了"干扰"，让解决问题不再是揪错、惩罚的过程，而是排除干扰、达成目标的过程。

在安全、友善的氛围中，每个人都能意识到自己在哪些方面还需要提升，推动他们解决问题的不再是负荆请罪式的愧疚，而是来自目标的动力。当问题解决项目团队团结一致，为实现目标而共创方案时，将制定出远超"追究原因"时制定的方案。

7. 如果表达了欣赏，对方会不会骄傲？

试想一下，如果有人对你表达了欣赏，你会变得很骄傲吗？我想你感受到的可能是惊喜，而且你会更喜爱这位坦诚向你表达欣赏的人，更想要去维护、发展你们的这段关系。

你表达的欣赏会不断强化对方良好的行为与品质，为其贴上"正面标签"，对方也会努力做得更好，真正成为标签上的人。

8. 如果自己做得很好，但还是得不到他人的认可怎么办？

得不到他人的认可不一定是因为你做得不够好，很可能是因为对方没有表达欣赏的习惯。你可以通过多给对方提供可感知的欣赏，在小圈子（公司、家庭）里营造欣赏的文化和氛围，用你的行为感染他人。

不过需要明确的是，虽然被认可是我们所需要的，但把事情做好的目的并不是得到认可，而是实现价值本身。如果我们能够独立判断自己的价值，不过度依赖外界的认同，将为自己拓展出更多的可能性与自由。

9. 想帮助家人解决问题，但家人不想沟通怎么办？

实际上，谁也无法强行解决"别人的问题"，特别是在家庭里。如果你想解决孩子、爱人的问题，但他们目前还没有和你一起解决问题的意愿，你需要调用环境的力量，特别是从关系入手——良好的关系是解决问题的基础。

在具体做法上，你可以试着先提升自己的情绪管理能力、聆听能力、问题解决能力，进而成为孩子信赖的父母、爱人信赖的伴侣，并通过欣赏帮助他们看到自己的优势。"人人都渴望成长"，随着你的影响力的不断提升，对方会在你的陪伴下逐步发挥自己的潜能，与你达成共识——你的影响力超乎你的想象。

10. 道理我都懂，就是无法知行合一怎么办？

从某种意义上来说，每个人都是"知行合一"的，正常人的每一个行动都受大脑的支配，我们的行为完美诠释了我们的思想。如果有人说："道理我都懂，就是做不到。"那么这里的"懂"往往还停留于"知道"，却不是"致知"。

如果你决定把知行合一作为自己的目标，就请不要仅关注"行"的部分，指责自己没毅力执行，轻易否定自己。不妨给自己一些耐心，毕竟我们正在和强大的惯性抗衡，正在重新选择更好的生活。

"知"是"行"的源头，因此你可以从"知"入手，不只把知识当作工具和技巧，而是洞察其背后的原理、敬畏自己的影响力，透彻地理解"为什么需要这样做"。唯有如此，你才能真正将"知"贯彻到"行"中。

> 君子敬以直内，义以方外。
>
> ——《周易·系辞》

也许你还会遇到其他问题，不过别忘了你手中还有一张问题解决地图。对于问题解决过程中出现的任何问题，你都可以尝试用KSME问题解决七步法和"逻辑之外的力量"予以解决，把解决问题变成熟悉、运用、检验、完善这张地图的机会。

---

## 3 你好，问题管理者！

恭喜你，当翻到这一页时，你已经是一位真正的问题管理者了。我看到你不仅拥有得当的方法、卓越的能力，还拥有坚毅的心智、温暖的情感。也许未来的风浪一如既往地澎湃，但你已不同凡响。

不知你是否发现，当你在第6章找到问题背后的目标时，解决问题就不再是解决问题，而是达成目标的旅程了。

这意味着，你不仅是一位问题管理者，还是一位真正意义上的目标管理者——能为实现心中的目标找到路径与方法；你也是一位资源管理者——能够统筹时间、精力、物质、关系和信息来排除干扰、达成愿景；你还借由解决问题不断成长，真正把问题变成了机会——成为自己人生的管理者。

我们在写这本书时经常想，你会在什么机缘下与它相遇呢？你在工作和生活中可能遇到了哪些困难呢？我们要怎样帮助你排除干扰？你的问题是否成功解决了？你实现你的愿望了吗？当我们思考这些问题时，仿佛你就坐在我们面前。

在本书的撰写过程中，我们也遇到了很多挑战：灵感的缺乏、身体的疲劳、内容的繁杂……而让我们克服万难的是对你由衷的祝愿——祝愿你在工作中游刃有余，在生活中充满热忱，在问题中找到机会，在关系中与所爱之人相拥，在生命的旅程里捍卫幸福。

本书为你而来，为每一位成长中的问题管理者而来，也为这个充满机会、富有愿景的时代而来。

现在，我将这张地图完整地交到你手中。接下来，你准备带着它去哪里呢？

原来黎明的起点，

就在我的心里面。

　　　　——南征北战《我的天空》

关于 KSME

# 你发现我的角色了吗？

非常荣幸能陪伴你走完"问题之王"的解决之旅，不知在这一段短短的旅程中，你发现我在其中的角色了吗？

在你面对棘手的"问题之王"时，我一直安静地陪伴着你；在你遭遇挫折时，我从未否定你、批评你，从不轻易给你建议，更不会把我的想法强加给你；我时时刻刻欣赏着你、敞开我的心聆听你，关心你的感受，一步一步陪伴你找到解决问题的最短路径和最佳方案，并相信你一定会为自己做出最好的选择。

当我这样做时，我就是你的 KSME 问题解决伙伴。

问题解决伙伴是成就问题管理者的人，是无论在风平浪静时还是出现棘手的问题时，都能提供深度托举、稳定陪伴的人，是带着理性、平和的 KSME 状态与你站在一起，用专业知识和技能助你达成心中愿景的人。

如果你在阅读本书时有所收获，就像我陪伴你一样，你也可以成为一位问题解决伙伴，陪伴身边有需要的人走出问题困境，把问题变为机会。

在过去 10 年中，KSME 问题解决课堂培养了一批优秀的问题解决专家，包括问题解决伙伴、督导、讲师。

他们中有的正在陪伴企业培养内部的问题管理者，推动企业人才培养计划的实施和经营目标的实现，助力项目落地、绩效提升、跨部门协作、团队建设等问题的高效解决。有的正在陪伴学校培养优秀的问题管理者，助力解决家校关系、师生关系、综合素质培养等问题。有的正在陪伴家庭解决亲密关系、亲子关系、家庭沟通等问题。有的正在陪伴个人解决职业发展、能力提升、情绪管理等问题。

如果你想进一步了解 KSME 问题解决专家培养项目，欢迎订阅"KSME 空间"公众号。

如果你想了解更多 KSME 的线上、线下活动，与作者互动、投稿反馈，也欢迎联系我们（邮箱地址：ksmespace@sina.com）。让我们一路同行，共同成长。

关于 KSME

# 见证 KSME

本书的内容曾帮助许多企业、学校、家庭和个人改变了现状，他们在这里写下了自己与 KSME 的相识、相知之旅。祝愿你也能早日达成心中愿景，释放问题背后的真正价值。

认识顾老师之前，我创业已有两年之久，一直在探索心理学在商业场景中的应用。

2018 年年初，我认识了顾淑伟老师，我和顾老师一见如故，听过一遍 KSME 问题解决课程之后，我就觉得这个课程的设计理念很完善。

市面上有很多分析和解决问题的课程，但都偏重于方法流程。我们脑子里装了一大堆方法流程，却依然解决不了很棘手的问题，这是因为我们忽略了个人的心智成熟，常常被思维和情绪所困，很难找到答案。

KSME 最核心的优势是将心智模式——我们如何看待问题，与 KSME 问题解决七步法的流程相结合，这在心理学上也符合先善待情绪、再解决问题的原则。

只要我们从问题思维转向面向未来的目标思维，带着 KSME 的理念和技能，就能使很多问题在运用 KSME 问题解决七步法之前迎刃而解，让问题不再是问题。

在培训现场，很多学员都有恍然大悟的感觉，很多客户成了顾老师的忠实粉丝。时光匆匆，KSME 不断迭代，培养了一批督导和讲师，也是复购率相当高的一门课程。

作为培训界的前辈，顾老师让我看到了她的谦虚、严谨、热忱和爱。除了教授课程，顾老师也长期践行她所深耕的 KSME 理念，为很多组织、家庭解决问题，带来真正的改变。

能把自己所讲的内容一点一滴地做出来、"活"出来，这样的老师总是充满魅力和吸引力。很幸运遇见 KSME，相信这本书能让更多的人和我们一样幸运。

——魏恒

合悦咨询创始人


真正与 KSME 结缘是在 2020 年年末，那时我才 18 岁。由于生活中出现了一系列我无法自行解决的"关系问题"，我加入了 KSME 第四期伙伴班课程。通过两天的学习，我开始践行"改变自己，影响他人"这条 KSME 核心理念。很快，我的生活中就出现了一系列看似不可思议的积极变化。

请允许我用最诚挚的语言，描述一下我眼中的湘宁与顾老师。在我心中，湘宁是真诚且透明、智慧且善良的存在。最令我感动的是，在我遇到困难的那段时间里，在与湘宁仅见过 3 次面的情况下，她就二话不说地把我接到她家里，帮助我度过了那段最艰难无助的时光。在我心中，她就像小太阳一样温暖着我。看到她的笑容我就会感到温暖，听到她的声音我就会被"治愈"。

在和顾老师、湘宁的相处中，我感受最深的是"不言之教"的力量。我发现她们在生活中总是对人充满欣赏，不仅是对我，她们在日常生活中就会真心赞美彼此。在这种环境下生活了一个月有余后，我也潜移默化地把欣赏转化为了一种能力。

从顾老师身上，我还学到一种平和。在与顾老师朝夕相处的那段时间里，无论发生了怎样的事，我都没见过她生气或焦虑。有时我们在一旁焦头烂额，顾老师总能以非常稳定、平和的语气说："没关系，总会有办法解决的。"每当听到这句话，我都会回归平静，先善待情绪，再解决问题。

幸运的是，在湘宁和顾老师的帮助下，如今我也成为自己的小太阳，有时还有力量帮助身边的家人、朋友。真心希望这份温暖和爱可以传递给正在阅读这本书的你。

——邓恬

美国伯克利音乐学院在读学生

母亲说我这几年的口头禅变成了"办法总会比困难多"。细想起来，好像还真是。无论是在工作中遇到突如其来的难题，在生活中遇到这样那样需要酌定的关键时刻，还是在孩子走入青春期后不可避免地遇到大大小小且从未出现过的挑战时……我似乎都真的比以前的自己更自信，更能快速找到关键问题，也更有方法帮助身边的人了。

是什么影响了我？有成长带来的经历，读书带来的思考，更有自 2017 年开始接触 KSME，4 年来的新发现与新收获。

2017 年，我们有机会邀请顾老师为高管内训课程进行团建、授课，顾老师每每都深受学员的好评。我们经常看到高管学员们在 KSME 问题解决课堂上热泪盈眶的场景。当看见班级学员在各方面都得到了提升时，作为校方的我们也倍感鼓舞。

一次次运用 KSME"法宝"的尝试使我发现，这套原本针对企业开发的 KSME 问题解决课程，同样适用于家庭建设、孩子教育、个人成长问题的管理。

期待大家和顾老师一起，踏上这段透彻又温暖的探索之旅。我也会和你一样，每天都遇见更好的自己。

——郑莉莉

中国人民大学商学院高层管理教育中心项目主任


5年前，我和爱人遇到了一个"天大"的问题——我们就要办理离婚手续了。但正是这个"天大"的问题，在后来变成巨大的机会，让我深入地了解了KSME，并通过4年的学习正式成为一名KSME讲师。

随着KSME学习的不断深入，我在夫妻关系中学会了放下"我是对的"的执念，并从影响圈着手，主动欣赏爱人并获得了爱人的赞美，彼此建立了坚实的信任。

后来我们有了"二宝"，经常带着两个孩子参加KSME的有趣活动，亲子关系达到了我理想中的美好状态。此外，我的婆媳关系也重归融洽，家庭迎来了久违的温馨、和睦。KSME也在我的工作中"大显身手"，帮助我高效地解决了许多看似无解的问题。

成为正式KSME讲师后，我开始帮助更多有需要的人走出问题困境，拥抱心中愿景。感谢这段与KSME的奇妙缘分让我见证了"问题就是机会"。

——郭辉

原IBM敏捷专家

关于KSME

KSME带给了我4个新身份：一个温暖的党支部书记、一个高效的心理咨询师、一个孩子喜欢的家长、一个转型成功的独立讲师。

以前，我给员工的印象就是一个厉害的领导，给了大家很多距离感，让员工对我敬而远之。接触了 KSME 后，我开始在党支部的谈心谈话活动中融入温暖的元素，并使用 KSME 问题解决七步法帮助员工高效地解决了许多实际问题，赢得了更广泛的信任。

除了温暖的党支部书记，我目前还是某心理健康研究中心的副主任兼专职心理咨询师。KSME 不属于心理学范畴，但它在解决问题时使用的思维、技术对我做心理咨询大有裨益，特别适合没有心理学基础的人学习和掌握，以实现高效地解决工作、生活中的各类问题（心理疾病除外）的目标。

遇到问题时，不少人的第一反应是"难"，而且往往高估了问题的困难程度，低估了自己的应对能力。KSME 使我的咨询高效且有温度，也大大提升了我的职业幸福感。

KSME 不仅成就了我的事业，也成就了我的家庭，特别是让我成为孩子喜欢的家长。一次，孩子在与我通话时赞美我："妈妈，你做的很多事情都让我感觉特别好。"我很吃惊，问她我做了哪些事情让她如此赞美我。她说："比如你没有像其他家长那样让我早上学，你没有逼我学习，你让我自己选择画室……"孩子的一席话，让我更加确信，尊重孩子、让孩子自己为学习负责是正确的。家长的"伙伴"角色真的很重要！

2017 年，一家大型企业的培训中心邀请我做两场培训，我十分焦虑，好在我用 KSME 问题解决七步法分析了现状，找到了解决方案，拟定了行动计划，成功地完成了授课任务。现在，我已经成功转型为一名独立讲师。

KSME 的理念、技能、方法已经成为我的价值观的一部分，并成为我在企业工作、日常生活、心理咨询、个人成长等多个领域的方法论。

——肖洁

某心理健康研究中心副主任

2021 年 7 月，我们有幸与 KSME 相识。KSME 强调要通过改变自己去影响他人，这为我提供了另一种生活和工作的方式。

在校园里，我们期待先迈出一步的是学生。而 KSME 问题解决课程用一系列鲜活的案例告诉我们，先迈出一步的更应该是教师。改变自己，是对学生最好的影响，是对行为世范最好的诠释。

KSME 既具有引领作用，也能为前进的我们搭建桥梁。先迈出一步的人更有力量，学生需要有力量的教师，社会需要有力量的教育。树立同一目标，建立同一诚心，培养同一品德——教育会在无声处见花开。

古人云："何不策高足，先据要路津。"困境与坦途，有时只有一步之遥。而 KSME 带给我和其他教师的最大价值，就是为我们注入了改变与赞美的力量。

——杨媛

北京市丰台区建华学校校长

第一次与顾老师谈话是在高二下学期的夏天，那也是我第一次接触到 KSME。那时的我和大多数同年龄段的孩子一样正处于叛逆期，和父母的交流总是伴随着争吵。母亲说："咱们目前老是有分歧，你的个人状态也不好，我找到了一位老师和你谈谈。"

当时我的内心非常抵触，毕竟学校经常举办这种讲座，我感觉都是花大价钱从校外找人就学生在叛逆期的问题做"鸡汤讲座"，收效微乎其微。

本以为是应付妈妈的一次简短交谈，我却惊喜地发现顾老师很不一样：她在交流中从不讲大道理，而是切合实际地帮我解决具体问题。这正是我所需要的！当时我有一种与顾老师相见恨晚的感受，突然感觉这个世界上终于有一个人能理解我了。

从那之后，我和父母吵架的频率真的越来越低，同时我也开始期待与顾老师的下一次谈话。

KSME 解决了很多在当时非常困扰我的问题，比如和同学闹别扭、青春期的懵懂等。但 KSME 给我的最大的帮助是在我的学业上，毫不夸张地说，顾老师改变了我的人生轨迹——她帮助我找到了新的人生目标，考上了理想的大学。

现在我正准备考研，顾老师的信任和祝福犹在耳旁。愿我"一战成硕"，也希望 KSME 大家庭的成员越来越多！

——鄂宇兵

一位 KSME 青年践行者

管理者解决问题，领导人解决难题。感谢 KSME 团队助力银雁管理团队的自我迭代，KSME 让我们更有力量、更有智慧地面对自己在工作与生活中的现实问题，知行合一地面对集团数字化转型这一艰巨任务。

——梁岚

银雁科技服务集团 COO

有解 高效解决问题的关键 7 步

我是银雁科技服务集团的一名普通员工，从 2020 年 7 月到现在有幸一直学习 KSME，目前我成为 KSME 伙伴，并在冲刺 KSME 督导认证的路上。感谢公司颇具创意的人才培养计划。

在 KSME 伙伴训练营中，全国 150 位银雁小伙伴彼此成就，聚焦于影响圈和自己的问题，主动担当，助力公司达成战略目标——在 2021 年 9 月已顺利完成全年收入的 78%。我们还当堂解决了工作和家庭的许多实际问题，经常有小伙伴感叹："久病得治！"

在督导班，我们更多地聚焦于团队建设和业绩问题，深入研究问题本质，对 KSME 问题解决七步法也运用得更加娴熟。KSME 给我带来的核心动力是"改变"，它让我拥有了从容、勇敢的内心。

——董艳丽

银雁科技服务集团的 KSME 践行者代表


KSME 为在工作和生活问题面前的我们，提供了一种"高明"的解决方案。这种"高明"在于它有办法将人的内心打开。当心门打开时，问题的解决之门也就打开了。KSME 以系统的方法将问题分门别类地清晰管理，让难题易解、难事易做。

我本人和公司员工曾多次参加 KSME 学习，因为阶段和身份不同，领悟也有不同。但相同的是，我们一次又一次地重新认识自己、认识角色和认识组织，收获颇丰。当前，关于文化、组织和人的关系研究是管理者思考的焦点，KSME 的理念和实践能给管理者带来极好的启示和有益的解决方案。

——邓秋生

中铁建物业管理有限公司执行董事、党委书记

中国物业管理协会名誉会长，北京青联委员

16 年前，我还是一名在校大学生，机缘巧合下结识了 KSME 创始人顾老师一家，成为奉博士的"兼职家庭教师"。在短暂的两年的相处中，这家人的"鲜活、丰富、向上"给我留下了深刻的印象，以至于在十几年后的今天，每每回味，仍觉历历在目。

不做裁判做伙伴、互为环境、彼此成就、善待问题、聚焦目标……这些 KSME 中的高频词语与解决我在工作和生活中的困惑不谋而合。

一是在工作中，作为幼儿园园长，我要面对的是几十名员工，几百名幼儿，近千余名家长。如何高效、合理地解决问题，保证校园顺利运转，是一个关键问题。

学校选取了 KSME 核心课程，其中"情绪-关系-问题""KSME 问题解决七步法""欣赏与聆听""信任的叠加效应及建设性反馈"等内容都大受欢迎。不仅如此，KSME 问题解决课程还被成功引入我们集团公司的十几家幼儿园之中，使千余名员工、5000 余个家庭从中受益。

二是在生活中，作为一个职场妈妈，我的生活中每天都有断不完的"官司"，生活变得一地鸡毛。在听完 KSME 问题解决课程之后，我自然而然地把"不做裁判做伙伴"引入亲子交流之中，帮孩子分析其与同学、老师之间各种问题，让孩子的成长、家庭的氛围都迅速得到改变。

温馨和谐的家庭环境，积极向上的校园氛围，让我能够有更多的时间与精力提升自我修养，并于 2021 年 9 月成功考取了北京航空航天大学公共管理硕士研究生。

——王光艺

某幼儿园园长

# 致 谢

写到这里，我们心中充满感动，因为需要感谢的人实在太多。

5 年前我们就开始筹备这本书，一直想把解决问题的经验和感悟分享给更多有需要的人。我们曾经认为把自己熟悉的内容写出来，应该不是一件很难的事情，但每次动笔，都发现写书和讲课的差别太大，很难把 KSME 的体系全面、有温度地呈现出来，因此写了好几稿都不满意，每次都是从头再来。袁枚的这首诗完全表达了这 5 年来我们写书的心境。

### 遣兴

爱好由来下笔难，一诗千改始心安。

阿婆还似初笄女，头未梳成不许看。

但写书的梦想一直都在。2021 年初夏，人民邮电出版社徐竞然编辑的邀约让我们的梦想重新启动。从本书的策划到定稿，整个过程我们都得到了她的同步支持和及时反馈。她的专业能力、敬业态度和伙伴式的陪伴，给予我们巨大的支持。

两位作者对彼此的感谢是无以言表的，我们作为母女，在几个月的创作过程中又增添了新的关系——同事、伙伴、战友。一百多个日日夜夜，我们一直手挽手、肩并肩，克服了一个又一个困难。当缺乏写作灵感时，当在逻辑上卡壳时，当文稿需要反复推敲时，那份心灵上的默契、支撑与鼓励在我们之间温暖地流动。

关于 KSME

感谢插画家 Tina 杨文婷老师对每张图反复打磨、精心绘制，力图给读者带来轻松、美好的阅读感受。她的耐心与追求完美的态度，成就了这本管理学图书独特的艺术质感。感谢 UI 设计师任珂瑶对插图的技术支持，她的专业与细致令我们感念。

感谢中国科学院大学刘晓教授给予我们的支持、指导和鼓励。他是我们最为敬重的老师，他朋友般的陪伴让我们感受到学术本身的自由与美好，他给予我们的无条件的信任，是价值连城的存在。

感谢来自 Learning & Performance Institute 的奈杰尔·哈里森（Nigel Harrison）老师的指导。KSME 问题解决七步法的流程借鉴了他 *How to be a True Business Partner by Performance Consulting* 一书中的绩效管理工具。他本人的热情、专业、开放，为我们的创作提供了关键的支持。

感谢中国科学院心理研究所祝卓宏教授对 KSME 的关心和支持，感谢 Yvonne、蔡尚挺博士、孟宪会、郭丹、于丽娜、李媛媛、王晓鹏、彭尚峰、李锐琦多年来对 KSME 的关注与陪伴。

感谢赫为科技有限公司董事长邓富强先生、上海威固信息技术股份公司董事长吴佳先生、中铁建物业管理有限公司执行董事邓秋生先生、银雁科技服务集团 COO 梁岚女士对 KSME 的高度认可与深度合作。

感谢王守辉、高飞、彭绘、魏恒、于莉、郑莉莉、齐琨妮等好友，在 6 年间把 KSME 带入各个企业和学校。

感谢查义娟总经理、卢含颖老师、赵海珍老师多年来为"KSME 加油站"提供场地支持。感谢周金玲女士、李利女士对 KSME 的长期喜爱和支持。感谢石雷和孙雨霞老师多年来对 KSME 的关注。

感谢 KSME 专家团队对书稿的检验、实践及反馈：王驰、王雪娜、侯智旗、郭辉、张敏、陈延辉、赵海珍、刘艳、卢含颖、马惠英、范秀丽、石雷、王军。他们认真的态度、卓越的能力和始终的陪伴，为本书的诞生提供了关键支持。

感谢 KSME 实践者们多年来的同行：顾树强、刘洪梅、杨梦石、孔丹、肖伟砚、袁巍、解雪、张墨青、王淑娟、李娜、马建、于胜男、乜超、钟凯、李鹂、叶露平、陈文玲、初伊、邓彩勤、梁献莹、曲源萍、董艳丽、张慧敏、王晓蕾、黄穗红、顾健等。他们都在各自的领域散播着爱和温暖。

感谢好友邓恬、刘雅洁、张绮凡博士的陪伴和支持，你们让我感受到友谊的坚韧与真挚。感谢任小巍老师在创作过程中一直鼓舞我们，随时关注创作进度。

在第一届 KSME 嘉年华上，一位初一少年主动走上讲台握住我的手，郑重地"嘱咐"我："KSME 真好，好好干。"感谢你，张天皓同学，你的话一直激励着我们继续"好好干"！

特别感谢我们的家人为我们营造了一个能够专注创作的环境。家庭成员们用无条件的爱，成就了我们的梦想。

最后要感谢本书的策划者、KSME 创始人之一奉金明教授，他的战略规划和路径指引给了我们巨大的支持。

感谢阅读本书的你，感谢你的关注与投入。独一无二的你充满智慧与力量，值得拥有世间一切的美好——这是我们由衷的祝愿！